學會「曼陀羅計畫表」
絕對實現

你想要的都得到

把白日夢變成真！
「原田目標達成法」讓你滿足人生的渴望

原田隆史、柴山健太郎——著
林美琪——譯

方言文化

〔前言〕

學會目標設定，夢想不再是空想

想必，一路走來，你已經立過許許多多的目標了。

那些目標都達成了嗎？或者失敗了呢？

入手本書的你，肯定是立志：「這次非達成目標不可！我想成為理想中的我，我要擁有美好的人生。」所以才翻開此頁的吧。

請放心。其實只要將目標寫在一張表格上，就能達成你之前未能達成的目標了。

在說明這張不可思議的表格之前，請先容我講個故事。

有兩個人是好麻吉。他們是高中時代的朋友，出社會後仍時常見面，交情越來越好。目前兩人都結婚了，各自有兩個小孩，工作也算順利，一人在某製造商當行銷專員，一人在另一家公司當會計，儘管夾在上司與部屬中間，每天還是把事情全搞定了。

兩人於百忙中抽空到居酒屋聚聚，久違再會，當然要互相報告一下彼此的近況。

「你最近還好嗎？我啊，每天上班忙得要死，在家都懶得講話，沒空陪孩子玩；週休也是累得提不起勁，唯一樂趣就是看運動賽事了。我已經像個糟老頭了吧？」

「是喔，你工作太忙了啦。我工作也忙，但就努力做囉，最近好像習慣多了。幸好老婆很支持我，放假時我們常帶小孩出去玩。還有，我不太覺得疲倦了，我可是每天都晨跑喔，大概是晨跑的關係吧。」

「好強啊，從前你不是說，你不可能跑步什麼的嗎？」

「其實我每年都訂有下跑步計畫，但總是三分鐘熱度，所以才會那麼說。之前的計畫幾乎都是半途拉倒，但最近不只跑步，其他決定要做的事也都能持續下去了喔。」

「哇！你變了吔。這麼說，你的臉看起來倒是比從前緊實，或者說清爽……」

「應該是吧。其實老闆挺信任我，交給我許多工作，我小小升官了一下，現在變得比較自由了。今年也終於能夠好好休假，帶家人到國外旅行。我明年還想挑戰全馬呢。」

「升官?!國外旅行?!還有全馬?!……好傢伙，你什麼時候變成這樣的？是不是偷偷做了什麼？」

「做了什麼？算是吧。其實，我把每年計畫中的事情像這樣寫下來，沒想到這種方式挺適合我的，我就變得更有動力了……」

那人拿出了一張紙。上面畫有一些整齊的方格，宛如一塊塊田畦般，而且還寫上了一大堆字。

「因為是你，我才給看的喔，我只是在這張表格上寫下我的目標，然後就這個也想做、那個也想做地動起來了，太神奇了。結果，不論工作、家庭或是我自己的事，都能游刃有餘，之前不敢大聲說的全馬，現在也覺得能夠上場了。」

「這也太強了，但寫起來很麻煩吧……。你都隨身帶著這張紙嗎？」

「因為每天都看的話，自然知道該做什麼。你看，中間寫上大目標，然後旁邊……」

那張表格究竟有何祕密呢？

工作順利、家人支持、夢想及目標也都能達成，簡直完美。而且，還很享受人生。不過，這種人是世間的少數派，另一個人才是世間的多數派吧。因為這樣的目標絕非輕易能夠達成。

再說，訂下目標卻無法達成，其實是有原因的。你可以捫心自問：

「你想成為的那個你，真和你心目中想像的你一樣嗎？」

「全家幸福這件事，真是你的人生目標嗎？」

「業績提升、薪水增加，真是你追求的嗎？」

「那些真是你想達成的目標嗎？」

沒錯。你所訂定的目標，很多你也不清楚是不是你真正想達成的。況且，不為達成目標而展開行動，就不會有任何改變。

即便展開行動了，也往往無法持續下去，甚至，當初立下的目標，不知不覺間就被拋諸腦後了。

為何大多數人均無法達成目標呢？其實有三大要因——

第一，**雖有目標，但該如何行動並不明確。**

第二，**沒有適當工具來協助達成目標。**

第三，**目標偏了。**

我想，你大概沒聽過「目標偏了」這種說法吧？

說到目標，人們通常是這樣訂立的。有人的目標是：「業績達到五千萬日圓！」也有人的目標是：「貢獻社會！」那麼，哪一種目標才正確呢？

其實兩者皆正確，並且可以同時成立。

換句話說，要培養達成力，絕非僅設定一個目標，而是必須從許多目的、目標中設定出更小的目標。這點，我將在本書中詳細說明，並且舉出印證此事的人。

無庸置疑的，此人具有「一流的達成力」，如今堪稱是日本職業棒球界的瑰寶。這個人，就是**前北海道日本火腿鬥士隊球員——大谷翔平**。

大谷翔平在高中一年級時，就利用一張表格來訂立目標。這張表格，請大家參考本書第九頁。

這正是我每年出版的《保證夢想實現手冊》（《夢を絶対に実現させる手帳》）中的一張表格，不但電視介紹過，《帶領「新世代」迎向第一〇一年的高中棒球總教練們》（《101年目の高校野球「いまどき世代」の力を引き出す監督たち》）這本書中也有介紹，將大谷選手當初如何利用這張表格訂定目標、日日實踐不懈的情形披露出來。

不過，首次看到這張表格的人，或許會對這樣的目標訂定法感到奇怪，反之，也或許會對高中一年級就訂立這樣的目標感到驚訝。

讓我們先拋開成見，一起來看看這張表格。

這張表格叫做「Open Window 64」（OW64），大谷選手在高中棒球隊時代，就用這張表格來描繪未來的藍圖。

如今，國內外的頂尖經營者及商務人士、職業運動選手及各種獎牌得主、活躍於螢光幕前的藝人及藝術家等，都在使用這張表格，並且締造出亮眼的成果。

這裡先稍微說明一下，大谷翔平在高中時代即訂下「獲得八大球團第一指名」這個明確目標，並將達成目標所必備的要素全都寫進這張表格裡。

了不起的是，他能夠日日實踐（行動）不輟，因此一如他的公開宣示，他達成目標，成為一名職棒選手了。

大谷選手還有個非凡之處，你看這張表格便知道，他還下工夫去提升「品性」和「運氣」。看到這點，相信你已明白他進入職棒後依然能如此活躍的原因了。

許多購買此書的讀者來信詢問，使用「ＯＷ64」後，真能像大谷選手一樣順利達成自己的夢想和目標嗎？

我們在此向你保證：使用「ＯＷ64」的話，達成力一定會提高，而且你還會達成更高的目標。

大谷翔平高中一年級時寫下的目標

保養身體	吃保健食品	頸前深蹲90kg	改善內踏步	強化軀幹	穩住身體軸心	投出角度	把球從上往下壓	強化手腕
柔軟性	**鍛鍊體格**	傳統深蹲130kg	穩住放球點	**控球**	消除不安	放鬆	**球質**	下半身主導
體力	關節活動範圍	吃飯 晚七碗 早三碗	加強下盤	身體不要打開	控制自己的心理	放球點往前	提高球的轉數	關節活動範圍
目標、目的要明確	不要忽喜忽憂	頭冷心熱	**鍛鍊體格**	**控球**	**球質**	用身體軸心旋轉	加強下盤	增加體重
加強危機應變能力	**心志**	不隨氣氛起舞	**心志**	**八大球團第一指名**	**球速 160 km/h**	強化軀幹	**球速 160 km/h**	強化肩膀四周肌肉
不惹事生非	堅持到最後的勝利	關懷朋友	**品性**	**運氣**	**變化球**	關節活動範圍	直球傳接練習	增加用球數
感性	受人喜愛	計畫性	打招呼	撿垃圾	打掃房間	增加拿到好球數的球種	完成指叉球	滑球的球質
為人著想	**品性**	感恩	珍惜球具	**運氣**	對裁判的態度	緩慢且有落差的曲球	**變化球**	解決左打者的致勝球
禮儀	受人信賴	持之以恆	正向思考	成為受大家支持的人	讀書	用投直球的方式去投	讓球從好球區跑到壞球區的控球力	想像球的行進深度

我，原田隆史，花了很多年時間開發出來的這張表格，已經在企業、教育、運動、藝術等各領域做出成果了。

而為了讓更多人，特別是小朋友們，能夠實現夢想、達成目標，身為「ＯＷ64」開發者的我，和指導如何實際運用「ＯＷ64」的柴山健太郎先生，我們想要藉由這本書將「ＯＷ64」的祕密公開出來。

從對目標的全新想法，一直到「ＯＷ64」的寫法等，凡是達成目標所必備的要素，本書都將毫無保留地告訴你。

第一章，說明為何無法達成目標，並解說如何打開你的心結以恢復自信。

第二章，介紹「目標其實不只一個」這種嶄新的目標思考方式。

第三章，學習「ＯＷ64」的寫法及用法。

第四章，介紹已實際做出成果的「ＯＷ64」表格，幫助你設定目標。

第五章，介紹培養達成力的方法，告訴你如何將目標變成生活習慣。

人生是一連串的挑戰。有時非得跨過橫在眼前的大山不可。想必你有過快被那壓力壓垮的經驗吧？也有過翻越山壁後、面對遼闊大海而歡呼雀躍的時刻吧？

換句話說，人生就是接二連三的失敗與成功。克服困難、達成目標時，你的人生境界就更升一級了。而本書，正是改變你人生境界的第一步。

請繼續翻閱下去，跨出重要的第一步吧。

目次

第4章 在別人故事中，找到最好的自己

第5章　聚沙成塔，化不可能為可能

〔後記〕成功，是生活的持續累積

CHAPTER 1

相信自己，
達成夢想的第一步

有一年，我（原田）遇到一名男學生，他很有潛力，可望躋身全國頂尖鉛球好手之列，我們兩人攜手合作，展開練習，目標是日本第一、全國冠軍。這名學生如實遵從我的指導，終於登上全國大賽的舞台。

然而，結果僅是亞軍。

我分析他與冠軍擦身而過的原因後，改善練習方法，增加練習量，再次以日本第一為目標而展開訓練。不過，新的練習方法及增加練習量這兩件事，超過了他的負荷，以致他漸露疲態，我們的關係也不再融洽。

沒多久，他陷入沮喪中，不想練習，我看到這種情形便加以斥責，於是每一天，我們兩人都焦躁不安、苦惱不已。

用對方法，成就日本第一

這樣下去不是辦法，我找他懇談。為了讓他放鬆心情，我選擇和他邊吃飯邊聊，而且不罵人，用心傾聽。結果，他說出這段話：

「老師，我想成為日本第一，然後透過體育推甄，免費進入高中就讀。我希望能多少減輕媽媽的負擔，盡一點孝心。」

他哭了。他生長在單親家庭，媽媽拚命工作，全部的愛都投注在這個兒子身上，搞不好身體都因此搞壞了。

我被他這番令人敬佩的話感動了，決定先不練習，返回原點。

「好，那我們回到初衷。目標是日本第一、全國冠軍。但其實你有個更大的目的，就朝這個目的努力吧。『目的是盡孝。目標是日本第一和免費升高中。』」

然後，我讓其他學生也在紙上寫下這樣的目的和目標，並由我們共同保存。

我嘗試信賴學生，尊重他們的自主性。從那天起，我和這名學生的關係整個好轉，他看事情的方式也變得積極正向，能夠努力展開練習。

眼看著他的成績不斷進步，他媽媽、我、他本人和全體隊員全都開心極了。而且不可思議的是，就算我沒管他，他也會自動自發地持續練習。

終於，在下一屆的比賽中，一如他的賽前宣示，他勇奪日本第一，也取得減免學費資格，順利升上高中。

大家好，我是「OW64」的開發者原田隆史。

我個人所秉持的理念是：「開拓未來，培養自立型的人才與組織，對社會及世界的幸福做出貢獻。」

我在「家庭教育、學校教育、社會人才教育、體育及藝術教育」等領域，培養獨立自主的人才及組織，至今已十四年。

在此之前，誠如剛才我提到我教過一名成為日本第一的鉛球選手的事，我在大阪市的公立國中任教二十年，負責保健體育指導、學生指導，並擔任田徑隊顧問。我站在指導學生的立場，以我個人獨創的養成方式與學生們共同努力，陪他們一起朝夢想前進。

而且，在我任教第三所國中的田徑隊時，七年之間，我們一共奪得了十三次日本第一的佳績。

身為老師，身為田徑隊顧問，身為學生指導，如何幫助學生拿到好成績，讓他們能夠獨立自主，正是我的工作，因此，若要說我每天都和這件事奮戰，一點也不為過。

和這名勇奪日本第一的學生的相處經過，讓我開始重新思考「達成目標」的意義。我從中領悟到，光是掌握現狀、檢討、然後根據檢討內容來改變行動，無法保證獲得期待中的結果。

以我和這名學生的關係來說，「**提高我和他的關係品質↓讓他看待事情的方式轉為積極正向↓全力投入練習↓成為日本第一**」這一整個循環非常重要。

讀書也一樣，「孩子不能主動拿起筆，就不會用功讀書」。不論你說再多次「要用功」，如果他沒有主動學習的欲望和習慣，就無法獲得真正的知識。

真正能讓行動有所改變的，首要是師生的信賴關係、親子的信賴關係、上司與部屬的信賴關係。我深深感受到，無論何事，唯有建立起這種能夠培養對方「自立」的關係，才能夠一路朝目標前進。

還有另一個重點，這點之後還會詳加說明，就是從「日本第一」這個目標，改成「**為盡孝而成為日本第一**」這個目的。人之所以會發揮全力，有時是為了家人、為了某人、為了社會，甚至是為了國家、為了世界。

換句話說，人會為了取悅支持自己的人而拿出最佳成果。

其實，「原田目標達成法」的最大目的，就是培養獨立自主的人，讓人能夠清晰描繪出期待中的成果，並且磨練出「能為他人及社會而奮發圖強」的這種做人能力。

當然，不僅在運動領域，在商業、藝術、求學、人生各方面，皆能利用這種方法獲得絕佳的成果。

目前，國內外三百五十家企業、超過七萬人（截至二〇一九年初，已達四百家以上企業、超過八萬人）正在學習「原田目標達成法」和「OW64」。而且，在商業、教育、運動、藝術等各領域，都有很多人達成極高的目標。

我深信，這是一個人人都會，且能夠幫助你如願達成目標的最理想方法。

換了時代，就得換個腦袋

走在人生路上，我相信你每天都抱持著目標，只不過，總有達成不了的時候，更別說要是目標太大，恐怕是距離越來越遠了。

這是理所當然的。為什麼？因為你沒有學過如何描繪夢想、設定目標，沒有受過這方面的訓練。

或許應該這麼說才對，因為從前是不受這種訓練也沒關係的時代。

這點，從時代的變化及人口動態的變化，就能獲得驗證。

我所成長的時代，屬於「生產製造」的時代。戰後人口增加，加上人人都要獲得知識與資訊，因此學校的教學皆以背誦為主。此外，經營模式屬於管理式經營，亦即憑著過去的經驗與體驗來工作，於是年紀越大薪水自然越多，就算自己沒描繪出什麼夢想，只要工作認真，一樣能存活下去。

在這樣的時代，不描繪夢想、不思考五年後的自己也無妨。再說了，學校根本沒教這些事。

然而，隨著網路登場而進入資訊社會後，我們的生活及教育立即變了樣。而且人口持續減少的關係，商業模式也一百八十度大轉變，由顧客增加的模式變成顧客逐漸減少的模式了。換言之，從前只要一股腦兒地生產製造即可，但現在，你必須自己描繪未來的夢想和目標，努力創新並思考改革方案，做一些並沒有標準答案的東西。

這裡就出現了**世代間的大代溝**。

三十歲以下的人從青年期開始便處於網路社會，因此腦中的想法已經和四十歲一代以上的人大相逕庭了。在「生產製造」時代中長大的人多為「過去輸入型思維」，在資訊化社會中長大的人多為「未來輸出型思維」，而今天，我們正處於兩者間的代溝無法填補的過渡期。

我們的教育正在轉型，轉成「未來輸出型思維」，亦即教導學生如何將收集到的資訊加以編輯再輸出，並讓他們描繪未來，思考如何改變自己、讓自己成為理想中的模樣。

30 歲以下人口減少，世代間產生代溝

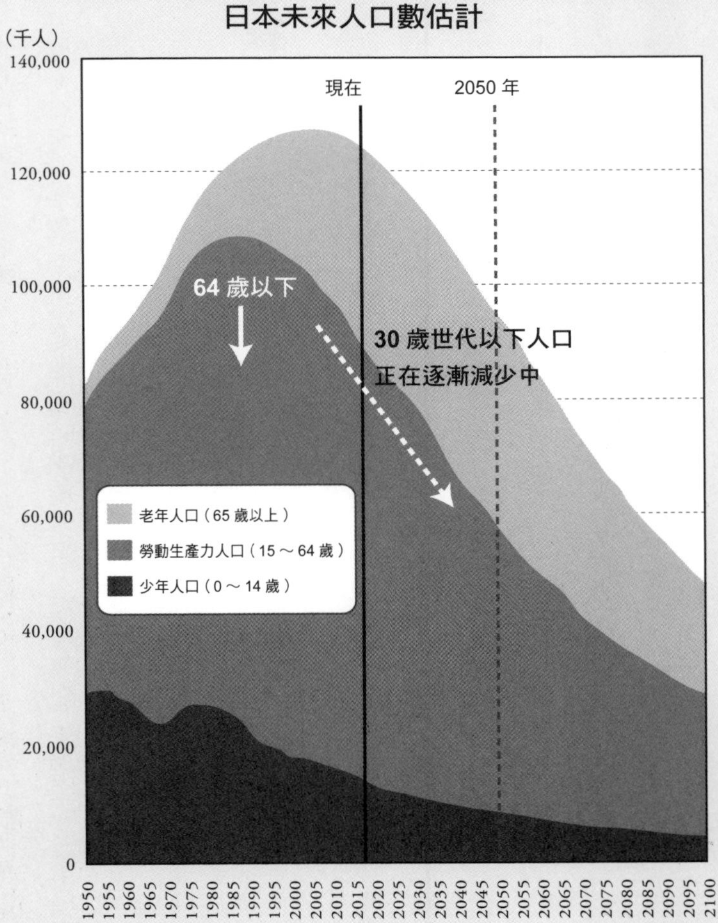

出處：
總務省統計局、國立社會保障人口問題研究所「日本未來人口數估計」

不過，這樣的教育方式才剛起步不久，大家還不習慣，還沒意識到我們已經進入一個新時代，一個在職場、學校、家中都能隨時描繪未來、編織夢想，說出「五年後我會怎樣」、「十年後我會怎樣」的生涯規畫時代。

擁有敏感的心，是一種進化

如今，已然分成「過去輸入型思維」與「未來輸出型思維」這兩種世代了。尤其二〇一一年東日本大地震後，「未來輸出型思維」的成形更為明顯，因為那一天，海嘯這個大自然的反撲，瞬間將人類長年建立起來的一切，盡皆化為烏有了。

最具象徵性的就是位於岩手縣宮古市田老地區，一座海拔十公尺、地面高度七．七公尺、基底部最大寬度二十五公尺，號稱全世界最堅固的防波堤，竟然不堪一擊。相信很多人都不免質疑起「人定勝天」這句話了吧。

與此同時，眾多人遭海嘯襲捲而亡，如此殘酷的事實讓人更加珍惜生命。因此，幸運逃過一劫的人們均體會到「心比物更重要」，在思考如何重建之時，也更重視與家人、朋友的連結，並有許多人從全國各地紛紛前往災區擔任義工。必須先解決這個「心靈問題」，重建的腳步才能向前邁進。

日本國民已經調整方向，更重視**「人際關係與心靈問題」**了。

我認為這種現象，是人類本身生物性進化的開始。如今，我們正迎向大腦與心靈都在產生變化的時代，對於情緒、感受、心情等，全都越來越敏感了。

這一點，並不是源於人類在大腦科學、ＡＩ人工智慧等領域的成就與進展，而是「基於情緒、感受、心情等的需要，人們自然更緊密地連結」這種人類自身的進步。

在組織經營管理方面，目前很流行所謂的「組織開發」，例如互相對話、共同行動等，其實這不過是眼睛看得到的冰山一角罷了，只要懂得關注冰山下面的活動過程（從組織成員平時的人際關係狀況，所產生出來的思考與情感），就可以為人際關係和組織，帶來一定程度的改善。

從前，組織會讓人收斂情感、壓抑情緒，但現在不一樣了，重新檢視這個之前看不見的部分，正是組織開發方面最先進的經營管理手法。

過去的日本人，特別是四十歲以上的人，總是被教導說：個人的情緒不重要、男人就該默默埋首工作、不要將私情帶進職場、不要發牢騷、工作比家庭重要等等。

但顯然這套已經不適用了。

理由是，如今已是網路資訊化社會。在網路世界中，人與資訊皆能即時建立連結，由此產生的情感交流，已經「天涯若比鄰」了。而無法體會這種感覺的世代，且不論好壞，並不知道自己正處於表裡幡然改變的巨大變革中，因此也不知道，所謂的夢想和目標，已經大不相同了。

事實上，這種變革已經造成人們描繪的目標出現偌大的差異及誤解。

然而，儘管時代改變，人們想要實現的夢想、想要達成的願望還是一樣。這點，可從我所提倡的「未來目標四觀點」來說明。而這點，將在下一章詳加解釋。

在此之前，我們將進一步闡述你未能達成目標的理由。

別讓他人看法謀殺你的夢想

大家好，我是負責指導「OW64」的柴山健太郎。

我有幸接觸到了原田的教育方式，並基於將這種教育方式推廣至教育現場及家家戶戶之中的理念，與原田一起創立了「一般社團法人JAPAN自我管理協會」，每天從事相關推廣活動。

在指導現場，特別是對小朋友的教育指導時，我發現很多人即便想迎向夢想和目標，也會自己踩煞車。他們碰到了所謂的「夢想殺手」。

最大的夢想殺手，就是環境，或者可說是父母的影響。

你的父母，是在你的祖父母的教導下長大的，而你的祖父母是在二戰前為了國家發展而施行的教育、以及要求絕對服從的「管理式教育」下長大的。這種教育可說是當時社會的一種機制，讓人自然而然會對改變與革新踩煞車，加上又發生過學生運動這類暴動，整個社會氛圍可說相當害怕年輕人和大學生變得獨立自主。就在這種情況下，產生了所謂的

「偏差值教育」（「偏差值」指相對平均值的偏差數值，日本人用此數值來評估高中生的學習能力）。

在偏差值教育下，很多人心裡會想：「反正我的偏差值是五十（相當整體成績的平均，屬不高不低的中等學力），那麼就在偏差值五十的學校或組織混日子就好。」於是喪失了自立心。

即便是現在，日本的國中、高中考試，仍殘留著濃厚的由偏差值決定升學的升學主義色彩，對日本莘莘學子造成各式各樣的影響。

有一項對高中生進行的問卷調查，題目是：「你認為自己是一個有價值的人嗎？」結果，僅不到四成的日本人，認為自己有價值；但美國人、中國人、韓國人，認為自己有價值者，均超過八成。

造成這種結果的原因當然是教育。以偏差值領導升學的教育方式，即便英文八十分、數學八十分，但要是國文三十分，平均分數便拉低了。於是，大家把目光放在三十分的國文上，不斷要求「提高國文成績」、「拉高平均分數」，督促學生在不擅長的科目上花更多力氣。

很多年輕人就是受這種教育長大的，難怪沒自信。

因此，所謂的教育專家、大腦科學家、心靈專家等，正為了大家的將來著想，致力於教導大家如何描繪並達成夢想、目標，同時宣揚有助大家提高自信的教育理念及方法等。

總之，許多人缺乏自信（自我肯定感、自我效能感）。

在訂立夢想與目標之前，**我們必須先做好心靈保養**。必須先從更愛自己、接受自己、寬恕自己做起。

尤其，在「管理式教育」下長大的世代，必須轉變想法，認為跨出自己一路走來的安全區是件好事、有益之事。而被稱為「寬鬆世代」的人，必須對於「明天會更好」這件事抱持希望與自信，接納自己、看重自己。

提高自信，是達成夢想與目標所不可或缺的要素。

定時寫日誌，找回圓夢基石

坊間許多書籍會像前述那樣，主張「提高自我肯定感」，但也僅止於此，並未進一步說明該怎麼做。

有人說：「我找不到夢想。」這是缺乏自信的人常會陷入的困境，你要這種人提高自我肯定感，往往他也不知該如何將心情從負面轉成正面。

那麼，有什麼方法，可以確實提高自我效能感（對能力產生自信）、自我肯定感（喜歡自己）呢？

我的建議是：**寫日誌**。

「原田目標達成法」中有兩個項目，一個是「例行檢核表」，即每天回顧所寫下的目標；另一個是「日誌」，只要每天寫日誌，就能逐漸提高自信。

寫日誌能夠幫助你進行自我回顧與反省。透過寫日誌來回顧與反省，能清楚知道一天內發生的好事及壞事而提高分析能力。

將每天發生的好事逐一化為文字，久而久之，這些好事會透過情感與記憶慢慢累積下來，也就能提高自我效能感。

另一個好處是，寫日誌能將一天美好的體驗、受人感謝的體驗、與人互動的情形等記下來，自然能提高自我肯定感。此外，將翌日何時有何預定計畫、重要活動等記錄下來，或是寫下到時候希望獲得的成果，那麼大腦會在你睡覺時幫你進行盤點、整理，於是寫在日誌上的內容，很可能會在翌日變成好結果。

這麼一來，你就能客觀地重新看待自己，自然能逐漸提升自信。

反省和回顧十分重要，事實上，從前的人即便沒寫日誌，平常也都在反省和回顧。

例如，昔日的日本女性極為沉穩、冷靜，資訊分析能力很強，原因之一就是她們會寫家計簿。

心理學上有個「溝通分析理論」，認為每個人都有「屬於孩子的自我」以及「屬於大人的自我」。孩子的自我會赤裸裸地表現情緒，不看場合地或笑或哭，而大人的自我會在此時發揮理性，冷靜地踩煞車、壓抑情緒。

大人的自我部分被強化的話，就能冷靜地與人溝通，進退得宜。然而一般普遍認為現代人的大人自我比較弱，像是不看場合地大聲咆哮、一生氣就狂抱怨的怪獸家長，就是最好的例子。

而自行培養大人自我這點，正是昔日女性的特徵；這種冷靜，是她們寫家計簿、反省一天活動所自然學會的。記帳、記錄每一個活動，並進行數字分析，就是在進行每一天的回顧與反省了。

以商業世界來說，從事銀行業務的人之所以擅長應付客訴，並非因為他們受過特殊訓練，而是他們每天在記帳、結帳、回顧一天工作這樣的過程中，自然做到時時反省了。

「原田目標達成法」的開發者原田，他小時候被老師指派寫日誌，要是忘記寫就會挨罵；在家裡，父母也是命令他要對自己的零用錢記帳。如今想來他已明白，那是一種「透過反省而自然奠定冷靜與自信」的智慧，真了不起。

就像這樣，現實生活的智慧雖能提高自信，但還是持續進行明確的反省與回顧比較好，這點，我們看看就業活動的例子就知道了。

不論問哪個人，都會說最不想做的事是「應屆畢業」和「二度畢業」（畢業就職後未滿三年，即離職另尋工作）的就業活動。就業活動之所以痛苦，就在於這是你第一次認真面對自己。

換句話說就是：首次認真反省自己，是件令人痛苦的事。為什麼？才十八歲，頂多二十二歲，就要認真回顧、盤點自己的人生，並寫在履歷表上，真的不容易。被幾十家公司拒絕固然難受，但更痛苦的，是每次遭到拒絕，都會讓你質疑自己；對於自已一直以來所相信的人生信念，都開始覺得茫然而充滿懷疑了。

因此，開始寫日誌吧。透過寫日誌來反省一天中的自己。進行這種客觀檢視自己的訓練，不但能提高自信，還能避免犯相同的錯誤。而且當天的好事與壞事，會與當時的心情一起輸入腦中，留下記憶，等於是在確確實實地了解自己，也就能產生堅定的自信了。

下一章，我們將進入實戰，學習如何訂立夢想和目標。

CHAPTER 2

未來四象限，讓夢想具體化

你在訂立目標時，腦中總會浮現一些想像吧。是自己獲得成功的模樣嗎？還是周遭人因你成功而獲得幸福的模樣呢？

其實，目標應該包括自己與他人這兩項要素。在說明這點之前，請大家先回想一下日本國家女子足球隊「大和撫子」（日本女子足球隊的綽號）榮獲世界冠軍的事。

目標二合一，打出最佳表現

二〇一一年女子世界盃足球賽的決賽。「大和撫子」的對手是世界排名第一的美國隊，她們在五次的女子世界盃中，曾奪過二次冠軍、三次季軍，實力強勁。而日本隊從未贏過美國隊，且戰績是〇勝二十一敗三和。要挺進決賽打敗美國，根本是奇蹟。

比賽以一比一同分進入延長賽。上半場被美國王牌前鋒阿比·瓦姆巴赫（Abby Wambach）踢進一球，大家都認為這下輸定了。

不過，一如後來我們知道的，到了下半場，日本隊的澤穗希以藝術性的一踢追平比分；然後在緊張的ＰＫ戰中，日本隊終於以三比一勇奪世界冠軍寶座。

這次比賽，「大和撫子」的目標是世界冠軍，換句話說，她們達成目標了。

我知道我們的女子足球已經變強了，但不認為強到足以奪得冠軍。不過，當我得知她們立下的目標後，便確信「大和撫子」終將贏得勝利。

她們立下兩個目標，一個是「世界盃冠軍」，另一個是「要給東日本大地震災民及日本全體國民信心、勇氣」。

我知道她們的第二個想法後，便認為她們一定能夠達成目標。

為什麼？

其實，達成夢想及目標必須具備兩項要素，**「針對自己之看得見的夢想、目標」**、**「針對社會及他人之看不見的夢想、目標」**，兩者兼備才能產生相乘效果。我們稱這兩項要素為「我．有形」目標、「社會及他人．無形」目標。

「有形」與「無形」可以簡單區分如下——

【有形】：成績、名次、表揚、地位、職務、金錢、物品、人才、資訊、時間等

【無形】：情感、誇讚、心情、欲望、態度、姿態、性格、理想樣貌、資質等

此外，「社會及他人」是指下列這些人：

【社會及他人】：父母、親戚、兄弟姊妹、同事、夥伴（配偶）、小孩、朋友、地區社會、國家等

我在第一章中提到一名勇奪全國冠軍的鉛球選手的故事。當時我說：「目的是盡孝。目標是日本第一和免費升高中。」你應該還記得吧？這就是立下兩個目標。一個是「鉛球日本第一，免費升上高中」這個「針對自己之看得見的夢想、目標」，也就是「我・有形」目標；另一個是「盡孝」這個「針對社會及他人之看不見的夢想、目標」，也就是「社會及他人・無形」目標。

「大和撫子」的目標

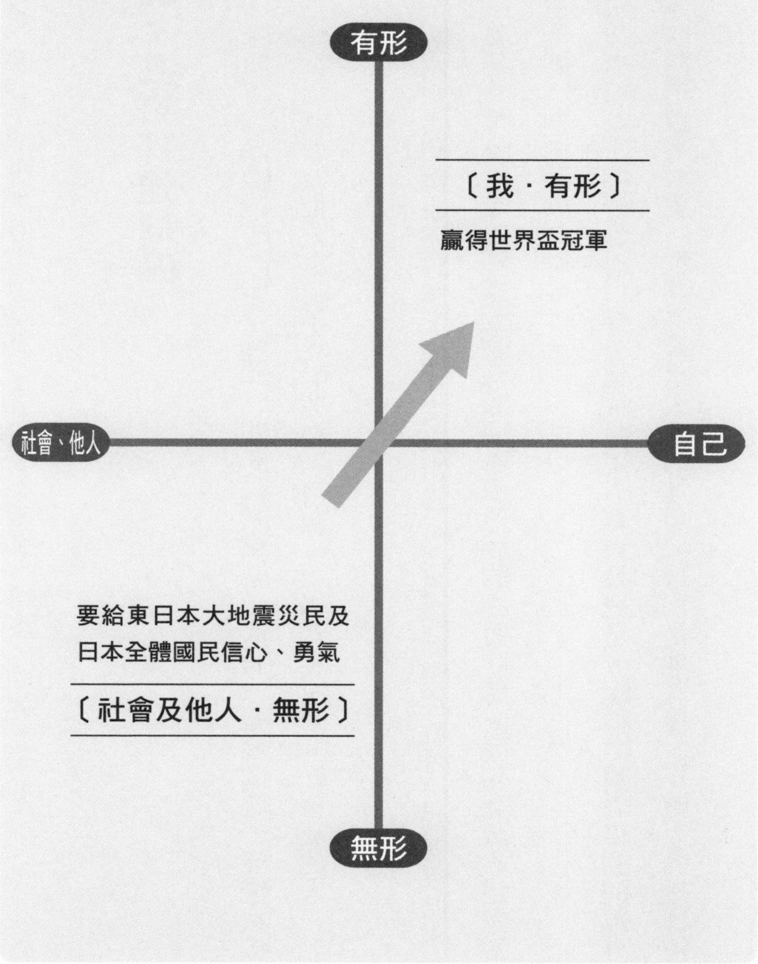
有形
〔我・有形〕
贏得世界盃冠軍
社會、他人
自己
要給東日本大地震災民及
日本全體國民信心、勇氣
〔社會及他人・無形〕
無形

換句話說，要讓一個人拿出最佳表現，這兩項目標缺一不可。

世代差異？其實殊途同歸

我說過，東日本大地震後，「心靈問題」明顯受到重視。而將「心靈問題」變成目標的，其實就是「針對社會及他人之看不見的夢想、目標」，也就是所謂「社會及他人・無形」的部分。

地震後，社會性受到重視，許多人前往災區當義工。這個社會性就是「想要幫助人」的心，屬於「無形」部分，是一種感受到人類原本價值觀的心靈狀態，換句話說，這是為了解決「心靈問題」而展開的行動。

比起過去以自己為主的夢想、目標，這種設定方式更為健全。能從眼睛看得到的部分轉為眼睛看不到的情感與心靈，我認為這是人類的進步。特別是地震後，年輕人的這種情感更為強烈，真是太棒了。

不過，光設定「社會及他人．無形」目標，並不能實現願望。

反過來說，如果只是設定「我．有形」目標，也同樣不會順利。

我最近遇到了一件事。

「和民集團」創辦人渡邊美樹先生舉辦一個活動叫「大家的夢想大獎」，由全國四十家以上企業支持，幫助得獎者完成夢想。

演講結束後是座談會時間。

渡邊先生於會中說：「現在的年輕人沒有夢想。」他表示，現在的年輕人沒有夢想，卻大言要成立非營利組織、對社會做出貢獻，實在太天真了；年輕人沒有經營眼光，又不會賺錢，還是先從自己的事情做起吧。

說完，五十歲以上的與會者頻頻點頭，年輕人則是表情生氣地不以為然。

我看見了世代間的代溝。

我和渡邊先生都是五十歲以上的人，我們這個世代的目標，不外乎「業績五千萬日圓」、「三年後股票上市」等，「我．有形」的目標就是我們的夢想。然而在另一方面，年輕世代所設定的都是「想為人服務」、「想為社會創造幸福」等等「社會及他人．無形」的目標。

恐怕，他們都是以「一個目標」的概念來思考目標，並不知道其實可以從兩個方向來設定目標，這樣當然會出現反彈。

五十歲以上的世代認為，在高談理想之前，先工作賺錢再說；但年輕人認為，那些人老是追求業績，根本不懂什麼叫幸福。兩者成了平行線。

當時，我就說了這段話：

「其實渡邊先生的目標，追根究柢，與貢獻社會是一樣的。業績提高的話，可以雇用更多人，也可以幫員工加薪。這麼一來，社會更加進步，員工的家人也都能獲得幸福。

年輕人說的非營利組織、社會貢獻等，如果不能賺更多錢，這個夢想也不會實現，而且如果自己本身不幸福，怎麼可能為家人、社會帶來幸福？因此，渡邊先生的主張和年輕人的主張，其根本部分是一樣的。現在的做法都是兩者兼顧，平衡進行，沒有這兩者，恐怕沒法在這個時代生存。」

渡邊先生果然了不起，我這麼一說，他立即明白，現在年輕人所標舉的那種令他們懷抱熱血的雀躍，以及對社會做出貢獻的想望，其實也是目標的一種，因而變得和顏悅色。於是，現場氣氛為之一變，開始討論起怎麼做才能實現這兩種目標了。

目標可以有「我・有形」和「社會及他人・無形」兩種，或者應該說，必須兼顧這兩種才行。而且，這兩種目標的根本，其實是相通的。只要能理解這點，相信你的目標設定方法就會改變了。

讓未來具象化的四種觀點

夢想及目標有「我・有形」和「社會及他人・無形」兩種，而為了提高達成力，你還必須認識以下兩種相對的概念。

那就是**「我・無形」（針對自己之看不見的夢想、目標，以及達成目標時的情緒、感**

受），與「社會及他人・有形」（針對社會及他人之看得見的夢想、目標）。

從這四個觀點來思考夢想和目標，是踏上「達成之路」的第一步。我稱這四點為「未來目標四觀點」。

「針對自己之看不見的夢想、目標，以及達成目標時的情緒、感受」，以及「針對社會及他人之看得見的夢想、目標」，指的究竟是什麼呢？

為幫助各位理解，我就以在店家上班的職員為例來加以說明（請參第四十八頁圖）。

首先，在商業活動上，若從「我・有形」、「社會及他人・無形」來思考，可能就會有像這樣的目標——

【我・有形】：五月的業績達三千萬日圓！

薪水增加

能力提升

成為店長

【社會及他人・無形】：同事活潑有朝氣
家人放心
業界興旺

「針對自己之看得見的夢想、目標」，是「月業績三千萬日圓、提升能力後成為店長」這個有形、可見的目標。

另一方面，「針對社會及他人之看不見的夢想、目標」，是「家人、同事、旁人都幸福，業界也獲得幸福」這樣宏大、相對抽象的目標。

立下這兩種目標後，你自然就能夠推導出「我・無形」（針對自己之看不見的夢想、目標）及「社會及他人・有形」（針對社會及他人之看得見的夢想、目標）的部分了——

【我・無形】：對工作感到驕傲而歡喜
獲得成就感
變得有自信

商業上的「未來目標四觀點」

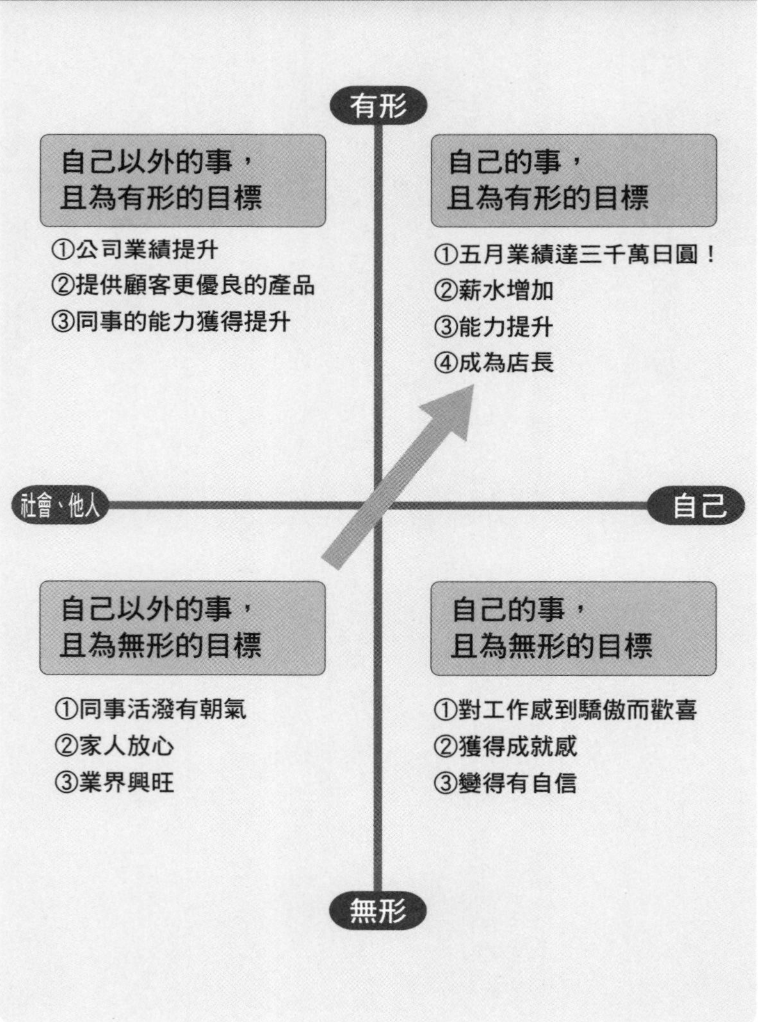
有形
自己以外的事，
且為有形的目標
①公司業績提升
②提供顧客更優良的產品
③同事的能力獲得提升
自己的事，
且為有形的目標
①五月業績達三千萬日圓！
②薪水增加
③能力提升
④成為店長
社會、他人
自己
自己以外的事，
且為無形的目標
①同事活潑有朝氣
②家人放心
③業界興旺
自己的事，
且為無形的目標
①對工作感到驕傲而歡喜
②獲得成就感
③變得有自信
無形

【社會及他人・有形】：公司業績提升
提供顧客更優良的產品
同事的能力提升

所謂「未來目標四觀點」，就是從「我・有形」、「我・無形」、「社會及他人・有形」、「社會及他人・無形」這四個觀點來設立目標，自然而然就會產生相乘效果。

三十歲以下，無形目標優先

相信你已經明白「未來目標四觀點」了，那麼不妨就來實際設立目標看看。但我想，還是有人不知如何著手才好吧。其實從哪裡著手皆可，我們就從「我・有形」、「社會及他人・無形」這兩個的其中之一來設立目標吧。

之所以說「這兩個的其中之一」，是因為不同世代會有不同的選擇。

五十歲以上的人，應該從「我・有形」來思考目標會比較容易著手。反之，三十歲以下的人，應該從「社會及他人・無形」來思考會比較容易些。

這點我們之前也提過，這是因為世代間成長環境不同所導致。一直以「看得見且屬於自己的事」為目標的人，將目標設成「年收賺進一千萬日圓」、「晉升經理」都無妨，重點是要思考達成這個目標後，如何對社會及他人做出貢獻，進而設立出「社會及他人・無形」目標。

而一直以「看不見且屬於社會及他人的事」為目標的人，就要思考：「為實現此目標，自己應成為什麼樣的人？」然後具體想像該形象來設立目標。

【我・有形】：放入數字等的具體目標

通過考試、贏得冠軍等有明確日期的目標

自己的地位（立場）等一看就明白的目標

「未來目標四觀點」的相乘效果

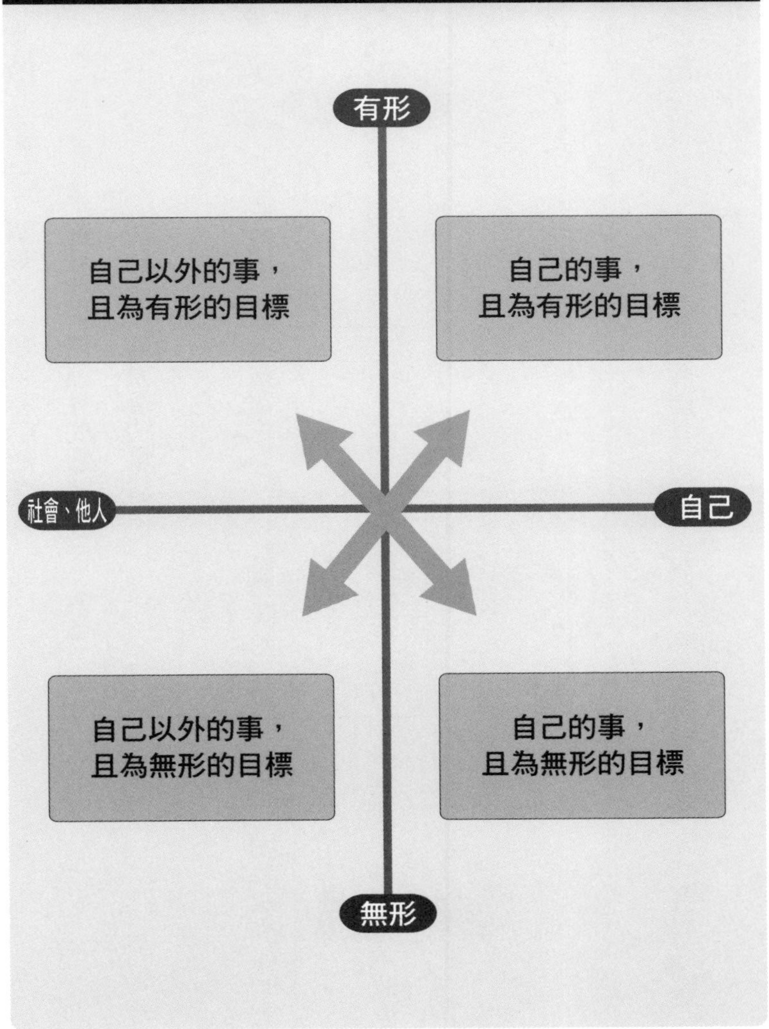

【社會及他人・無形】：對周遭人所懷抱的心情
對社會、地區等的想法
成功後所能獲得的情緒

順帶一提，四、五十歲的人，則是屬於從任一觀點開始皆可的世代。因為這世代的人一直跟隨著五十歲以上的人工作，而且又有三十歲以下的部屬，即所謂的夾心世代。

他們認為上面的主張理所當然，但也能理解下面的心情，亦即能夠清楚掌握這兩個世代的想法。因此，他們認為業績重要，自己的生涯也很重要，同時會想為別人、為社會做出貢獻。

結論就是，看你是偏向哪一個，就從那一個開始設立目標吧。

總之，請先從「我・有形」或「社會及他人・無形」來設立目標，寫完這兩個目標之後，請再重新檢視一次。

「未來目標四觀點」用紙

寫出你心目中有形與無形的目標

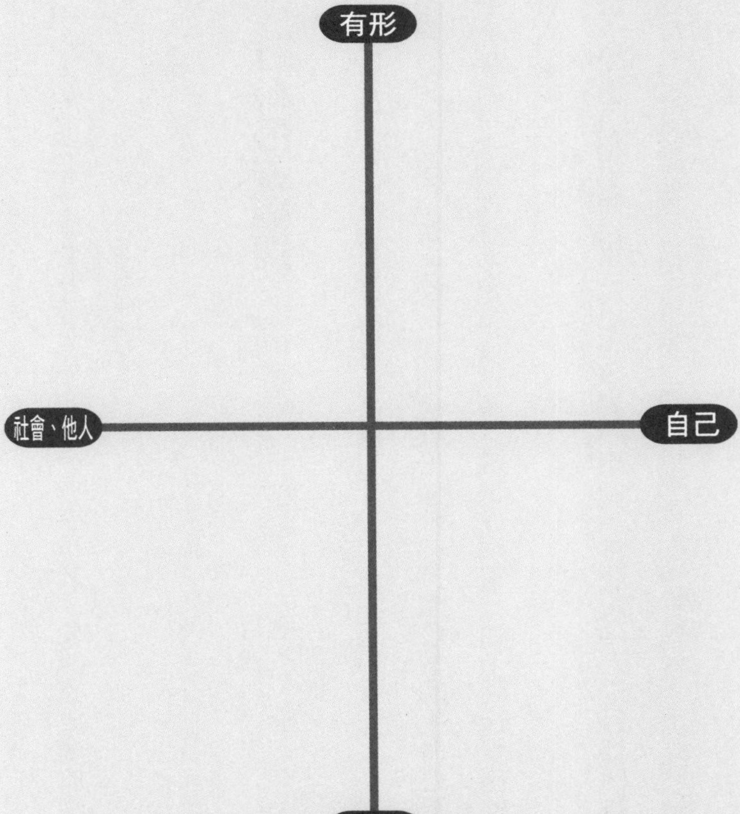

你應該會發現，兩者的根本部分其實是一樣的。

然後繼續朝「我・無形」、「社會及他人・有形」發展下去，便能完成屬於你自己的「未來目標四觀點」了。

四象限思考，打破心靈隔閡

「未來目標四觀點」的想法，其實是全世界相通的。

有一家總公司在海外的製藥企業，是一家創造五十億歐元巨額收益的生命科學相關跨國企業。這家企業在併購日本國內許多企業後，將之整併成二家公司，然後實施幹部集體研習，以期早日做出成績。

研習時，兩家企業對目標的想法果然出現差異。不過，當我用「未來目標四觀點」說明「有形」、「無形」，然後請他們寫下這兩方面的目標後，結果發現，由於同是製藥公司，他們的價值觀幾乎是一致的。

也就是說，他們的「社會及他人．無形」目標，都是出於「對生命科學做出貢獻，為世人創造幸福」這個價值觀。

那麼有形的目標呢？他們的有形目標都來自企業理念（也就是「社會及他人．無形」目標），而兩家的企業理念其實也是相通的，於是高層最後決定讓兩家各自設定，讓他們各自朝目標大顯身手。

有過這樣的經驗之後，我又接到一件工作，委託人是位於中國的日系會計事務所；由於中國職員和日本職員的想法及價值觀不同，對方希望我能去加以整合。

我跟他們上了一小時的課。在此之前，他們互相覺得對方莫名其妙，但我要他們用「未來目標四觀點」寫下自己的意見後，發現有相當多的共通點，最後他們終於了解對方的價值觀和想法了。

因此，只要以這四個觀點來看待事情，即便宗教、信念、語言和國籍不同，也能明白彼此的原點是一致的。

我也曾幫一家製造包裝資材的瑞士企業進行研習，經理是義大利人和英國人，師傅是德國人，還有其他各國的人一起參加；他們一致認為這個「未來目標四觀點」最有意思。透過這四個觀點，可以一眼看出義大利人、英國人、德國人的相同及相異之處，因此頗受好評。

去年，有二十位外國人經理受邀來到我所指導的日本企業進行研習。他們來自以色列、墨西哥等六個國家。

我聽他們分別發表意見，其中美國人經理表示，他們生長在一個要求工作必須快速做出成果的國家，他們的生活與工作完全分離。

受宗教的影響，美國人的生活中充滿了愛，生活與愛是完全連結的；可是，工作卻沒有連結上來。換句話說，他們的工作完全以追求成果為目標，與生活無關，他們活在一個「生活與工作不相干」的世界。

抱持這種想法的話，工作應該毫無樂趣可言吧。

將豐田汽車的「持續改善法」介紹給全世界，且著作超過兩百部的諾曼．博戴克（Norman Bodek）先生，他來日本能率協會演講時，說了這段話：

「拜『持續改善法』之賜，全世界很多企業都可以拉高生產數字了，但是，在現場工作的人並不是工作得很快樂，製造業尤其明顯。我很喜歡日本，在你們國家，有沒有能夠一方面讓公司提升成果、一方面讓員工做得很快樂的方法呢？有沒有讓員工對工作感到驕傲，讓員工和公司雙雙進步的方法呢？我想日本應該有這種教育和訓練吧？」

於是，我被推舉了出來。最後大家認為，應該用「原田目標達成法」和博戴克先生的「持續改善法」來教育、改變世界。

因為這個緣故，「原田目標達成法」獲得世界十一個國家的翻譯與推廣，成為嶄新的組織開發手法而受到各國高度重視。

這件事也讓我確信，「未來目標四觀點」這種思考方式，是全世界相通的。

由內而外，盤點你的人生

前面提到，先從「我．有形」或「社會及他人．無形」來設立目標皆可，但考量社會現狀的話，其實先從「社會及他人．無形」目標開始思考才比較合理。

因為，很多人發現自己光追求「賺一億圓」、「為了加薪、升官而磨練技能」這類「我．有形」目標，並不會滿足。

的確，從前坊間有一大堆追求個人成功的書籍，但快接近二〇〇〇年的時候，就逐漸轉為討論人心問題了。

有一本書很有名，丹尼爾．高曼博士的《ＥＱ：決定一生幸福與成就的永恆力量》，書中內容闡述：比起ＩＱ（智商），ＥＱ（情商）這個無法用數值衡量的智商才是人生中更重要的事。

之後，史蒂芬．柯維的《與成功有約：高效能人士的七個習慣》出版了，而且全球熱銷，人們開始認為：琢磨人格，才是創造成功人生的最佳良方。

日本教育界也一樣，終於從昔日的「偏差值教育」、「管理式教育」，轉向所謂的「寬鬆教育」。

關於「寬鬆教育」，人們多半只聚焦於它的過失，例如年長一輩都在擔心，圓周率只算到三讓學生的知識程度越來越差。不過，正如今日的寬鬆世代將重點放在社會貢獻一樣，不得不說，心靈的養成，確實是與時代變化相應的。

總而言之，人生目標的**基礎是磨練心志，亦即培養出能夠貢獻社會的人格，為此，你應該先思考「社會及他人．無形」目標才對。**

「社會及他人．無形」是一個人該有的樣貌「ＢＥ」，而「我．有形」的內容都是怎麼做、獲得什麼，因此是「ＤＯ」、「ＨＡＶＥ」。

若說哪一個才是目標的根本，那當然是「ＢＥ」，從「ＢＥ」開始，才有接下來的表現。有個了不起的理論叫「Ｕ型理論」，能幫助大家體會這種思考；但這種手法得先挖掘出一直存在心中的「自己」這個「ＢＥ」，再產生出新的自我「ＢＥ」，然後以新的

「ＢＥ」為基礎來改變行為模式，因此有點不容易體會。

這裡介紹一位知名企業家的人生哲學，應該能幫助你去思考「ＢＥ」。

稻盛和夫有一套成功人生方程式：「想法×熱情（努力）×才能」，意思是，即便擁有熱情並發揮才能，但心靈部分，也就是想法，如果是零，結果就是零，如果是負數，結果就是負數。

此外，井深大、本田宗一郎、松下幸之助等人的哲學，也是先有「ＢＥ」才能完成重大的改革。這讓我感覺到，我們似乎回到「先學會做人，再學會做事」的時代了。

我發現有三個共通事項，大大影響了這些大人物的人格形成，以及他們之後對社會的貢獻。

第一件事是幼年期在愛中長大，第二件事是因重病或事故而體驗生死。有這兩項體驗，就能解放私欲；一旦離開私欲，就會朝「社會及他人・無形」前進，進而擴展一個人的格局了。

另一件事就是現在很流行的冥想、靜坐、觀照。

能夠持續進行冥想、靜坐、觀照的話，會對自己有更高的覺察力而採取正確的行動，而且腦中的執念也會獲得解放。想太多的話，腦中會充滿雜念、我欲，但解放後，就會從潛意識根源的「Something Great」跑出發想和啟示，這是筑波大學名譽教授村上和雄告訴我們的。

因此，在思考未來及目標時，**請先盤點自己**。請回想自己的原初體驗、成長經歷；思考四個觀點中，自己哪個觀點比較強；確認自己是個無論如何都要追求數字的人，還是一個喜歡與他人一起努力的人。

訂立目標時，請先看自己能夠想出幾個「未來的四種目標」，並把它們寫在紙上，你會更了解自己。

有人會寫出十個「我・有形」部分，但只寫出一個「社會及他人・無形」部分，也有人能夠寫出超過十個「社會及他人・無形」部分。

但還是要保持平衡，因此，只會寫出「我・有形」的人，有必要多思考周遭人和社會的幸福，學習做人，反之，只會寫出「社會及他人・無形」的人，也應該多採取商業角度，增加「我・有形」這類看得見的部分。

「未來的四種目標」來自你的生活方式和態度，因此，在你設定目標之前，請先仔細加以思考，擴展視野。

勇敢許願，夢想不設限

我們在研習課程上經常告訴大家，比起「DO」、「HAVE」，代表你這個人的「BE」更重要。學員第一次聽到「未來目的、目標四觀點」後深受感動，但接著聽到情緒也能當成目標時，總是滿頭霧水。

於是我說：「各位，可以把喜悅的情緒、開心的情緒、獲得自信等當成動機，也可以將想要活得神采奕奕、想要工作得活力充沛當成目標來提高動力。」這下學員們才心安。

這是因為從前說到目標，總是認定必須設成「增加年薪」、「提升公司業績」這類有形目標，於是很多人對於將情緒設為目標，感覺很不習慣。

今後，除了這類「有形」目標，也必須加上與「社會及他人」有關的目標、「無形」的目標。過去，人們認為為了社會國家、為了人心平和、為了讓家人放心等，不是一名社會人士該有的目標，但在今日這個時代，完全不會有問題了。

你知道「交叉式法則」嗎？只要「社會及他人・無形」目標增加了，「我・有形」目標自然會增加。

不過，年輕人和女性總會對寫出崇高的目標產生猶豫。我們舉辦了一些講座，專門將「原田目標達成法」推廣給女性、學生和正在參加就業活動的學生，結果發現他們不敢下筆寫出崇高的目標。

我們會告訴這些人，成功者都是「未來輸出型思維」。

人們在成長過程中會逐漸變成「過去輸入型思維」、「消極性思考」。因為我們一直被父母或老師說：「唉呀，你不行啦！」或是受媒體的影響而認定：「反正我做不到」、「做不到怎麼辦」、「做也是白做」。

例如，很多小朋友在小學畢業紀念冊上寫著：「我要成為足球國手」、「我要成為世界第一」。

但是，當他們升上國中，夢想便打折成「從事足球相關工作」，隔年，又從足球相關工作變成「運動相關工作」，等到國中畢業時，已經說不出夢想了。

然而，成功的企業家剛好相反，他們能面對看不見的未來，積極地創造夢想，且為了達成夢想而不斷建立具體的「我．有形」目標。

當然，這是因為他們的內心深處早就有「社會及他人．無形」思想存在了，但正因為他們是「未來輸出型思維」的人，才能夠高高揭示「我．有形」目標。

要用「未來輸出型思維」來思考事情，打個比方，**心就好像杯子一樣，必須恆常保持在積極進取、認真踏實這種杯口向上的狀態**。這樣，你才能接受一切，心這個杯子才能不斷裝入更大的夢想和目標。

因此，為了讓年輕人保持杯口向上的狀態，我要他們做各種想像，其中有個方式叫做「七龍珠作業」。

知名漫畫《七龍珠》中，只要湊齊七顆龍珠，神龍就會出現，幫人們完成一個願望。但在這項作業裡，願望不限一個，而是假設五分鐘內寫下來的願望皆能實現，然後看他們會寫出什麼。

幾乎所有人都能將夢想和目標一口氣寫出來。由於只有短短五分鐘，沒時間去想究竟做不做得到，也就不會覺得害羞或丟臉了。

我們在做這項作業時，不必有任何限制，時間也完全自由，請盡興地寫。

可是，畢竟很多人依然會對自己踩煞車，我想，如果把情緒方面的目標也列進去，大家就能更自由地寫出來了吧。

情感關鍵字，讓生活更精彩

用「未來輸出型思維」來思考事情的話，就能立下崇高的夢想和目標。

尤其像是「年薪多少」、「業績多少」這類有數字的目標，一定能毫不困難地寫出來才對。但我也說過，比起「DO」和「HAVE」，「BE」更為重要，因此從「BE」來設定「DO」、「HAVE」，目標才會比較明確。

之前提到，在「我．有形」這部分，很多人不敢設定崇高的目標，反之，向來都只會設立「DO」、「HAVE」目標的人，雖然因為能將「BE」設為目標而感到安心，但很多人並不知道設立「社會及他人．無形」目標時，該用什麼樣的情感來表現，又該怎麼寫會比較好。

當然，表面上最大的原因可能是不習慣寫下這類目標，但真正的原因在於：過去在日本，表現「情感」這件事情一直受到強大的壓制，加上表現情感的日文辭彙本來就不多，多少也有關係。

我在研習課程上問大家想獲得什麼樣的心情？想過什麼樣的人生？答案通常不是「開心」，就是「歡喜」、「快樂」，能不能寫出五個情感辭彙都是問題。不過，也有人可以寫出一百個以上。幾乎寫不出情感辭彙的人，恐怕是一直生長在不太需要表現情感的環境中，但**真正的差異，還是出在讀書量**。

要讓人生更豐富，就要多讀書，多去體會書中人物的心情，去想像主角的處境。除此之外，多看電影也很重要。平常若是太少接觸的話，表現情感的關鍵字自然不夠，人生也就枯燥乏味了。

例如「心曠神怡」，就算你查字典，通常也只是理解它的意思，並無法了解那樣的情境與感受，但是，透過書籍或電影而在想像中有過虛擬體驗的人，由於他的大腦記憶與情感已經一起投入了，因此場面設定會更豐富。

話說回來，無法用言語表達感受的人依然很多。我們在研習課堂上會貼出約一百個「表達情感關鍵字」，讓學員從中選出自己最想感受到的情感。這麼一來，大家都變得很能表達了。

我們只貼出積極正向的「表達情感關鍵字」。下一頁是我們列舉出來的主要關鍵字，敬請參考，從中找出你的情感關鍵字吧。設定無形目標時，請將你選擇的情感列入你的目標中。

表達情感關鍵字

- ◉自信
- ◉自我實現
- ◉成就感
- ◉滿足感
- ◉充實感
- ◉驕傲
- ◉自豪
- ◉憧憬
- ◉喜悅
- ◉獨立
- ◉值得期待
- ◉自我肯定
- ◉積極正向
- ◉充滿希望
- ◉感到幸福
- ◉充滿幹勁
- ◉變得很有精神
- ◉活力充沛
- ◉歡欣雀躍
- ◉朝氣蓬勃
- ◉勇氣十足
- ◉感動
- ◉開心
- ◉感激
- ◉感恩
- ◉託人之福
- ◉接納自己
- ◉獲得信心
- ◉培養出責任感
- ◉美好
- ◉喜歡自己
- ◉自由
- ◉有意義

沒人看好，你也要相信自己

二〇一五年，繼女子足球隊「大和撫子」後，有一場比賽令全日本人為之瘋狂。

那就是在世界盃橄欖球賽的預賽中，被媒體報導為「世界盃橄欖球賽史上最具衝擊性的結果」、「運動史上最大冷門」，由艾迪．瓊斯（Eddie Jones）總教練所率領的日本國家橄欖球隊的那場戰役。

對手是兩屆世界盃冠軍、當時排名世界第三的南非隊「跳羚隊」。在兩隊的首次交戰中，日本隊在終場前成功達陣，以三十四比三十二逆轉勝，相信很多人都認為這是一場奇蹟吧。

之後，日本隊雖在小組賽中贏得三勝，但最後以得分之差，留下世界盃首度以三勝之姿止步十二強外的遺憾。

回國後，五郎丸步選手等人成為媒體及廣告寵兒，橄欖球人氣更是扶搖直上，相信大家記憶猶新。二〇一六年十一月對威爾斯「紅龍隊」（世界排名第六）的戰役中，雖以三十三比三十飲恨，但日本橄欖球隊無畏體格上的劣勢，依然表現亮眼；他們的堅強實力，相信世人都看到了。

那麼，為什麼這支球隊會變得這麼強呢？

當然，肯定是嚴苛練習下的成果，但他們所設立的目標也有很大的改變。

他們的「社會及他人・無形」目標如下：

- **讓橄欖球迷開心。**
- **讓世界知道日本橄欖球的實力。**
- **讓出錢出力者開心。**
- **讓小朋友感到驕傲。**

日本國家橄欖球隊已參加過八次世界盃，但只有遙遠的十多年前贏過一次，因此，除了橄欖球迷外，日本人幾乎不知道這個比賽。但是，二〇一二年聘請名將艾迪總教練後，除了設立「社會與他人・無形」目標，也以「打進二〇一五年世界盃四強」為目標（「我・有形」），並通過極盡艱苦的訓練，終於爆出史上最大冷門。

那麼，現在就讓我們來探究一下日本國家橄欖球隊的「未來目標四觀點」吧（請參考下一頁）。

從「社會及他人・無形」目標中衍生出來的「我・有形」目標是「打進世界盃四強」，而「我・無形」、「社會及他人・有形」目標是「讓世界知道日本橄欖球隊的作戰方式，並且引以為傲」、「增加球迷，讓小朋友喜歡打橄欖球」、「能對橄欖球界的發展有所貢獻而歡喜雀躍」，顯示他們的目標是透過橄欖球來完成自我實現。

就像這樣，**當理想模樣「ＢＥ」出現後，自然就會看見該採取什麼行動了。**體格明顯不敵世界各國隊伍的日本人，之所以能夠為了贏得橄欖球賽而死命練習，就是因為他們有「ＢＥ」這個目標。

日本國家橄欖球隊從「四觀點」出發所設定的目標

有形・社會、他人

①讓小朋友喜歡打橄欖球
②讓後輩能以世界為目標
③增加收看比賽的觀眾人數（增加球迷）
④改善選手的環境

有形・自己

①打進世界盃四強
②提升橄欖球的知名度
③讓日本能成功舉辦世界盃
④成為世界級的選手
⑤身為選手的收入增加

無形・社會、他人

①讓橄欖球迷開心
②讓世界知道日本橄欖球的實力
③讓出錢出力者開心
④讓小朋友感到驕傲

無形・自己

①對自己有自信
②能對橄欖球界的發展有所貢獻而歡喜雀躍
③讓世界見識到日本橄欖球隊的作戰方式，並且引以為傲

CHAPTER
3

從想法到做法，
九宮格一次搞定

各位了解如何設定核心目標後，接下來，我（原田）將說明化夢想與目標為實際行動時要用到的表格「ＯＷ64」。

這張「ＯＷ64」造就出包括大谷選手在內的國內外商業、教育、運動、藝術等各領域成功人士。只要把目標寫進這張表格，每天看，你自然會朝夢想及目標採取行動，非常不可思議。

我是「ＯＷ64」的開發者，在說明這張表格的寫法及用法之前，我想先說一下為何我會將它放進我們的研習活動中。

一張表格，造就理想人生

「ＯＷ64」原本叫做「曼陀羅九宮格」，開發者其實是日本人。在美國，對於改變組織的發明，除了豐田汽車的「看板管理」之外，唯一被廣為介紹的日本人，就是「曼陀羅九宮格」的開發者、「Clover 幸運草管理研究所」的松村寧雄先生。

我在擔任教師之前就對「曼陀羅」相當感興趣。在日本，它出現於平安時代，當時在京都和奈良，都可看到用原本描繪天堂界與地獄界的曼陀羅畫來表現庶民生活的作品。

我就讀奈良教育大學，知道寺院和奈良各地方有很多的曼陀羅畫，當時就覺得非常有意思。

此外，我因興趣而常看電影，當時，有一部我最喜歡的男明星布萊德．彼特主演的電影《火線大逃亡》（*Seven Years in Tibet*），內容描述在西藏飽受中國蹂躪的時代，扮演登山家的布萊德．彼特與少年達賴喇嘛結識並成為忘年之交的故事，片中，西藏喇嘛迎接中國代表時，就用極其華麗的沙畫來描繪曼陀羅。

之後，東京有一個西藏的曼陀羅展，我前往參觀，並詢問當時的展覽會負責人：「什麼是曼陀羅？」他回答：「**曼陀羅是人的心理、追求的事物，乃至擁有它們。**」並告訴我曼陀羅的形狀很重要。

曼陀羅由八八六十四個格子構成，宛如人的思考、想法的漩渦。

這樣我就懂了。

八八六十四，從一個想法衍生出八個想法，每一個想法再衍生出八個想法；這是一種可通達人類心理核心的思考方式。當我們想整理工作內容或打算進行的研習內容時，利用曼陀羅來匯整的話，就能綜觀全局。我對我自己有這樣的理解都感到吃驚。

十四年前（二〇〇三年），《日經商業週刊》的「人物列傳」單元報導過我，有一位企業領導人讀了這篇報導後，將曼陀羅圖表應用於員工的教育訓練上。我受邀參加該企業的研習，首次見到那張紙。然後，我用自己的方式加以改善，注入一些新想法，經過不斷研究改良，終於開發出這張「OW64」。

第一次應用「OW64」，是在專為大型證券公司經理人所設計的研習課程上，我面對一百五十名來自全國的分公司主管，展開為期三天、總時數二十四小時的研習營。

當時是在雷曼兄弟事件之前，這個「OW64」深獲好評，並達到相當不錯的成果，大家都體會到它果真有妙用。直到現在，那家證券公司的各分公司都還在使用「OW64」，當然，它也是我的研習課程上不可或缺的利器。

大谷翔平的過人之處

日本火腿鬥士隊的大谷選手使用「ＯＷ64」來寫下目標，是在高中一年級的時候，就是本書前面刊載的那張表格。請各位再看看這張表格（請參考第七十九頁），我將說明它如何有效協助我們達成目標。

大谷選手最大的目標是「獲得八大球團第一指名」，寫在正中央。

至於為了達成此中心目標所必備的各種要素，則是寫在周圍八個格子裡，分別是：「控球」、「球質」、「球速 160km/h」、「變化球」、「運氣」、「品性」、「心志」、「鍛鍊體格」。

這八項是為了達成中心目標「獲得八大球團第一指名」，所必先達成的目標及項目，也是大谷選手自己設定的。

首先，「控球」、「球質」、「球速 160km/h」、「變化球」都是職棒選手必備的技術，也是從他擔任投手的經驗思考出來的。

儘管，「球速160km/h」是一般高中生不可能達到的目標。但從「獲得八大球團第一指名」的目標來看，能投出160km/h的高中生投手，各大球團都會極力爭取才對。因此，他在「控球」、「球質」、「變化球」等投手該有的技術之外，再加上只有自己才做得到的特殊目標。

能夠有這種想法的選手，絕不是等閒之輩。

此外，今日他之所以能在成功路上奔馳，靠的是他在技術之外所設定的「運氣」、「品性」與「心志」等部分。

這是拜大谷選手的父母給他的教育，以及他的棒球恩師們的指導所賜，亦是為了磨練自己光靠技術無法成就的心靈部分。當然，他也不會忘記「鍛鍊體格」，這是每位運動選手為增強體力所必須設定的目標。

大谷選手的過人之處，就是**將「運氣」、「品性」、「心志」這類無形的目標也納入八根支柱中**。

各位請看，他在為達成「運氣」目標而衍生出的八個具體行動目標中，納入了「撿垃

大谷翔平高中一年級時寫下的「OW64」

保養身體	吃保健食品	頸前深蹲90kg	改善內踏步	強化軀幹	穩住身體軸心	投出角度	把球從上往下壓	強化手腕
柔軟性	**鍛鍊體格**	傳統深蹲130kg	穩住放球點	**控球**	消除不安	放鬆	**球質**	下半身主導
體力	關節活動範圍	吃飯 晚七碗 早三碗	加強下盤	身體不要打開	控制自己的心理	放球點往前	提高球的轉數	關節活動範圍
目標、目的要明確	不要忽喜忽憂	頭冷心熱	**鍛鍊體格**	**控球**	**球質**	用身體軸心旋轉	加強下盤	增加體重
加強危機應變能力	**心志**	不隨氣氛起舞	**心志**	八大球團第一指名	**球速 160 km/h**	強化軀幹	**球速 160 km/h**	強化肩膀四周肌肉
不惹事生非	堅持到最後的勝利	關懷朋友	**品性**	**運氣**	**變化球**	關節活動範圍	直球傳接練習	增加用球數
感性	受人喜愛	計畫性	打招呼	撿垃圾	打掃房間	增加拿到好球數的球種	完成指叉球	滑球的球質
為人著想	**品性**	感恩	珍惜球具	**運氣**	對裁判的態度	緩慢且有落差的曲球	**變化球**	解決左打者的致勝球
禮儀	受人信賴	持之以恆	正向思考	成為受大家支持的人	讀書	用投直球的方式去投	讓球從好球區跑到壞球區的控球力	想像球的行進深度

圾」、「打掃房間」、「對裁判的態度」、「讀書」、「成為受大家支持的人」、「正向思考」、「珍惜球具」、「打招呼」這類看似與棒球無直接關係的事。不過，他直覺地認為這些事情能夠提高他的運氣。

至於磨練「品性」這個目標，他列出「感恩」、「禮儀」、「為人著想」；而在磨練「心志」這個目標，他列出了「關懷朋友」、「頭冷心熱」、「加強危機應變能力」等達成目標所必備的要素。

一路看下來，你不覺得大谷選手能夠完成宏大目標，是理所當然的嗎？

固然，在技術方面，他進入職棒後，還有很多必須去做、必須精進的事。不過，由於他高中一年級時就寫了這張表格，並且努力實踐，使得他在高三時果然飆出160km/h，並獲得美國大聯盟球團的面試機會。之後在選秀會上，第一輪就受到北海道日本火腿鬥士隊的單獨指名而獲得交涉權，這才有了如今的大谷選手。

他，完成了超出這張表格的目標。

力量，來自心中的渴望

大谷選手高中畢業後，以第一指名之姿進入日本火腿鬥士隊，當他成為職棒選手後，又立下了新目標。

其實，日本火腿鬥士隊目前正使用「原田目標達成法」（培養自立型人才及組織的一種教育法）來指導二軍的年輕選手。

指導老師是本村幸雄先生，他是原田教師補習班的學員之一，之前是神奈川縣一所高中的棒球總教練，後來擔任日本火腿鬥士隊的選手教育指導老師。

他在千葉縣鎌谷市的二軍選手村「勇翔寮」，指導高中畢業的年輕職棒選手，利用「原田目標達成法」教選手設定目標，除了棒球的技術面目標外，也指導選手設定禮儀、打招呼、打掃、整理房間等心靈及品性部分的目標。球團要求選手每天寫日誌，早上還安排固定的讀書時間等，為他們進行各種教育。

為什麼要這樣呢？因為將來很多選手會在不同的時機下從球團畢業。當他們脫下制服踏入社會時，如果「除了棒球什麼都不懂」，就無法當一名成功的社會人。

我經常說：「高中棒球畢竟只是人生中的一頁。要將來獲得成功，就必須趁年輕好好磨練自己的內在。」

近來棒球界醜聞頻傳，本村先生去當選手的教育指導老師，可說是眾所期待且必然的結果吧。

而且，如此致力於選手人格教育的北海道日本火腿鬥士隊於二〇一六年勇奪日本第一，對球界、運動界，對棒球少年及小朋友來說，都是十分有意義、令人振奮的事。

話說回來，堪稱日本火腿鬥士隊奪冠之重要推手的大谷選手，他進入職棒後立下的第一年目標，是擔任投手「拿到五勝」。他在「OW64」的正中央寫下這個目標，然後將應該做的事情以具體數字寫在六十四個格子中。

本村先生在《帶領「新世代」迎向第一〇一年的高中棒球總教練們》書中，也提到了大谷選手。他說：

「大谷在花卷東高中時就學會了立定目標的方法……（中略）……他的表現一流，想法也是一流，自己決定的事都能執行到底，不論再忙都會確實做到……」

大谷選手自高中一年級起就以「ＯＷ64」來設定目標，因此，他比其他選手更有想法是理所當然的；他之所以具備非凡的明星性格，正是因為他能將目標確實化為行動，而這股力量，是從**想成為一流選手這個強烈意志產生出來的**。

以棒球來說，投手的話，目標可以用勝投數、防禦率等數字來表示，野手的話，可以用全壘打數、打擊率等數字來表示，但「ＯＷ64」的特色是透過立定身心兩部分的目標，讓提高「做人能力」這個行動目標也同時確立出來，等於是將一名成功者真正必備的要素都列進去了。

據說，棒球界已經有人倡議，應該將本村先生的作法推廣到其他球團去。

作為一名運動指導教師，我十分希望能在大谷選手及本村先生等人的影響下，讓棒球界也成為一個很棒的人生教育園地。

那麼，現在就將你的目標寫進「OW64」中吧。

〔步驟1〕

核心目標，追求高再現性

「OW64」是一張擁有八八六十四個格子的表格，供你將中心目標及行動目標寫進去。

請在表格的正中央，寫進一個**你想達成的中心目標（主題）**。然後，從正上方起，依順時鐘方向，將為了達成中心目標而必須具備的要素，逐一寫進周圍的八個格子當中**（基礎思考）**。

寫完八個要素後，將它們變成目標，分別寫進呈放射狀延伸出去的九宮格的正中央。然後，如同剛剛那樣，將為了達成每一個目標所該做的事，即行動目標，從正上方起，依順時鐘方向寫進周圍八個格子裡**（實踐思考）**。

1. **首先定出要全力進行的「主題」。**
2. **接著寫出八個「基礎思考」。**
3. **從八個基礎思考，分別再衍生出八個「實踐思考」（實踐思考指的是，讓人一看就能具體想像出來的活動、行動，或是該活動畫面）。**
4. **最終由一個「主題」，產生出八八六十四個「實踐思考」。**

看起來就這樣而已，但實際動筆就會發現，第一次寫時會花很多時間。我們在研習課程上會指導學員從第一章、第二章介紹的目標思考方式「四觀點」，來思考正中央該設置怎樣的目標。

很多人會為不知道中心目標該放什麼而苦惱，但其實放有形目標或無形目標皆可。終點很明確的話，例如以商業來說，單純地設立「業績××億圓」、「公司能對區域社會做出貢獻」這樣的目標也可以。

我們為很多企業進行研習課程，在請他們寫「OW64」時，理所當然會請他們設定與

「OW64」的寫法

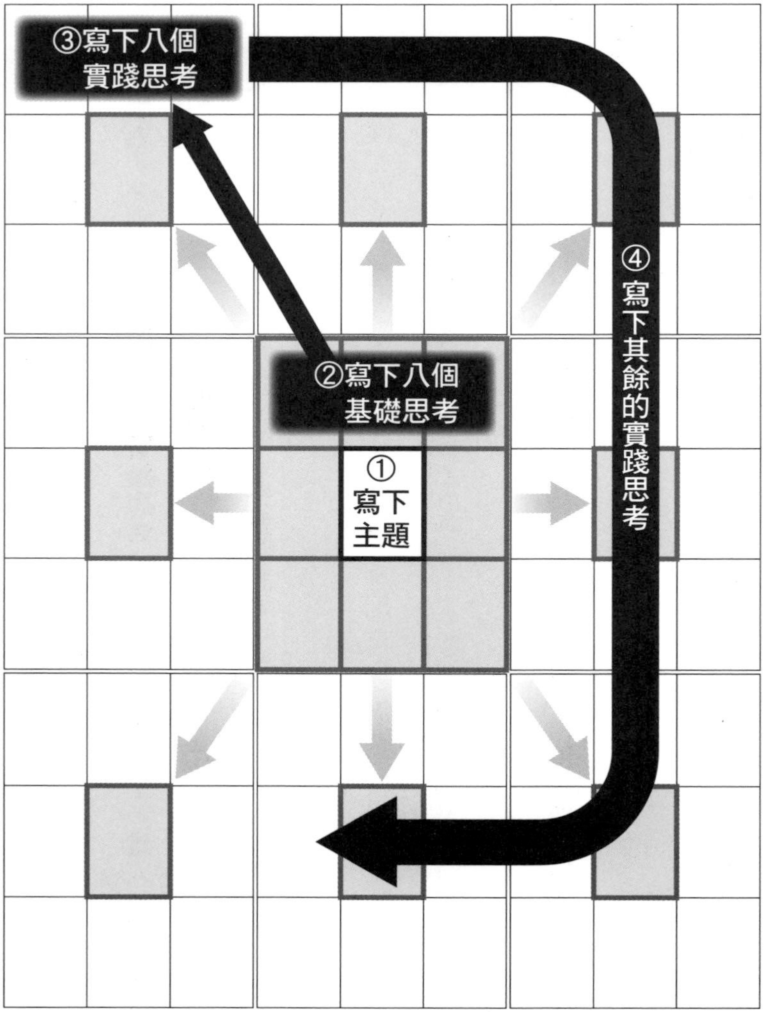

工作相關的目標，然後將之寫在表格的正中央。

如果是運動選手，可以設定「全國比賽冠軍」、「成為日本第一」，如果是考生，可以設定「××檢定過關」這類目標。

放在表格正中央的目標，應該是人人皆能挑戰的「高再現性」目標，這樣，從中擴展出去的行動目標才會更具體。

「高再現性」目標，指的是業績、取得證照、比賽獲勝等，以及收入、地位、減肥等容易數值化的目標。

放在正中央的目標也稱為「主題」，對你的人生來說，它就是主幹。前面已經說過好多次「社會及他人・無形」目標了，這個基礎確立後，為了達成目的，「我・有形」目標便會一個一個明確地跑出來，也就更容易付諸行動。

總之，請先在正中央寫下最大的夢想或最大的目標。「OW64」的一大好處是不必然包括一切，有必要的話，將中心目標分成好幾張來寫也無妨。

因此，請先寫下一個你的目標、你的主題吧。

〔步驟 2〕

「心技體活」，確立基礎方向

在正中央寫下大目標後，接著，請將達成此目標所必備的小目標或活動，從正上方開始，寫進周圍八個格子裡。

這八根支柱稱為**「基礎思考」**，就是為達成中心目標所必備的基礎要素，而且最好包含下列要素：**心**、**技**、**體**、**活（生活）**。

「心、技、體」一說多半用於武術上，但我藉用它來說明：光有技術不行，若不具備技術的基礎，即健康的身體，技術不會提升；此外，即便技術提升了，要是心靈脆弱，也無法達到真正的強大。

除了「心、技、體」，我們又加上了「生活」。

工作、讀書、運動、藝術等眼睛看得見的活動背後，是你的私生活，而我們著眼於你的私生活，是希望你知道：**改善生活就會造就好結果**。只要這四項要素能夠平均分配，目標就更容易達成。

【心】：意志堅強、正向思考、情緒管理、感恩之心等。

【技】：提升技能、職涯規畫、知識、自我分析、努力等。

【體】：鍛鍊體格（持續健身）、健康管理等。

【活】：不工作時的生活方式、與家人的相處方式、交友關係等。

姑且以公司的目標為例來加以說明吧，最容易懂的應該就是公司的目標、主題了。比方說，你在某家公司的業務部門上班，你寫下「讓業績達到六百萬日圓」這個共通主題。寫的時候，將你認為最重要的要素，並盡可能包含「心、技、體、生活」要素，從正上方依順時鐘方向寫進去。

於是，成為基礎思考的八根支柱，即八大必備目標，會是下列這個樣子——

【心】：提升團隊成員的關係、成為同事的心理支持
【技】：促進商品銷售、培養人才、提升服務、提升商品魅力
【體】：提升包含體力在內的做人能力
【活】：生活面的環境整備

在「心」方面，提升團隊成員的關係，是今後各組織必修的課程，而要成為同事的心理支持，也已逐漸成為普遍的常識。

「技」方面的基礎思考，由於是以提升業績為目標，自然得放入銷售能力。提高商品魅力這點無需贅言。只要能展現商品的魅力，自然能提升業績。此外，提升服務是提高回購率所不可或缺的要素；而為了有效提高這幾點，就必須培養人才。其他目標也一樣，技術面應該算是最容易了解的部分吧。

接著是「體」部分，為了提升體力而從事運動、健身，或者為了維持健康而自我管理，都算是一種做人能力。為此，必須做好人才培養。只要能這麼想，就不致於再像從前

基礎思考的八個目標

提升自己的做人能力	促進商品銷售	培養人才
生活面的環境整備	「主題」讓業績達到六百萬日圓	提升服務
提升團隊成員的關係	成為同事的心理支持	提升商品魅力

的管理型、發號施令型主管那樣，只會命令「給我提升業績」了。

「生活」方面，則是以整備環境（不分公司或個人）為目標。

如上所述，建議各位最好能將「心、技、體、活」四個要素，均衡地放入基礎思考的八根支柱中。

◆要素均衡分配，達成力更高

八項基礎思考可以看出一個人的本質。必須注意的是，應將「心、技、體、活」均衡地分配進去，否則容易偏於僅追求技術面而已。

我（柴山）曾經指導以「國際小姐日本代表」為目標且獲得提名的二十位佳麗，請她們寫「OW64」。國際小姐必須具備許多條件，不能光只是言談舉止、表情、走路等技術面優越而已。擁有知性與教養這類抽象內涵，才能展現真正的美。

話雖如此，知性、教養端賴評審的感覺，即便以此為目標，也難以掌握評價標準。但是，有一位將「心」、「活」等列入基礎思考而寫下目標的人，最終漂亮地成為國際小姐日本代表了。

下一頁是二〇一六年國際小姐日本代表山形純菜所寫的「OW64」。我當時只是大略說明一下寫法就讓她們自由發揮，結果她將「心、技、體、活」分配均衡地寫了下來。

二十位佳麗將「成為國際小姐日本代表」這個目標寫在正中央後，接著寫基礎思考的要素，但幾乎都只寫走路方法、化妝方法等技術層面的事情。

在這種選美世界，我都一再告訴大家要同時重視內心與外表，但很多人還是只寫外表方面而已。結果告訴我們：**有志磨練內心的人，目標達成率較高**。

從結果來看，榮獲冠軍、亞軍、季軍的人，都具備了均衡分配基礎思考以及磨練心志這些達成目標所必備的資質。

我們看看山形小姐的基礎思考，她在最重要的主題正上方寫上「內心」，將「技術」寫在順時鐘上的最後一格。其餘寫上「夢想」、「感恩」、「視野」等乍看之下似乎不是國際小姐必備的要素。

二〇一六年國際小姐日本代表山形純菜的基礎思考

優雅的走路方式	不僅日語好，英語也要好	保持優雅的姿勢	措辭合宜	正向思考	別輸給自己	改善姿勢	學習新聞播報技術	健身，讓身材更緊實
精進我所擅長的料理和打掃	技術	讓人想聽的說話方式	觀看美的事物以豐富心靈	內心	和很多人接觸，獲得很多知識	做更多料理，精進廚藝	努力	加強英語口說能力
像主播一樣，口條清晰	與很多人互動的溝通能力	學會如何表現日本特色、更有女人味	對人、地點，對於此刻能在這裡心懷感激	即便不甘心也不馬上哭出來（不當愛哭鬼）	擁有一顆溫柔又堅強的心	學校、模特兒、打工、社團，全都要很充實	生活規律	接觸更多事物
為發現日本的好，平時多找出日本的特色	知道日本和世界各地的狀況	利用報紙等媒體來了解世界情勢	技術	內心	努力	讓父母看見我的榮耀	成為主播	取得管理營養師資格
去挑戰不曾感興趣的事	視野	更加了解熱愛的料理及運動界的事情	視野	成為二〇一六年國際小姐日本代表	夢想	參與東京奧運	夢想	成為世界知名人物
研究世界各國美麗女性的生活方式	深度思考該怎麼做、怎麼發揮自己	不被成見所縛，用不同觀點看事物	感恩	外表	自我分析	幫家鄉岩手縣更進步、更有活力	去很多國家，接觸很多文化	成為各領域都很活躍的女性
守護我長大、嚴格又溫柔的家人	為我加油打氣的親友	開朗而讓我忘卻煩惱的好友	注意儀容	保養皮膚	保養頭髮	舉出自己的五十個優點	舉出自己的五十個缺點	思考自己會在什麼時候感動
心地善良並積極追夢的決賽佳麗們	感恩	鼓勵我參加國際小姐選拔的社團夥伴	身材玲瓏有緻	外表	要有剛剛好的肌肉	思考自己對什麼事情有興趣	自我分析	記住自己的強項
建立國際小姐傳統的國際文化協會的大家	指導我成為國際小姐人選的大家	感恩有個讓女性發光的舞台（和平之地）	因個子嬌小，要努力讓自己顯得亮眼	展現手臂修長的特點	展現最吸引人的眼睛和鼻子	思考用一個字來形容自己	重視個性	重視直覺

不過，這些部分正是人生中的大事。

為什麼我說正是人生中的大事？因為接下來的六十四小格裡藏著祕密。這部分我之後會再詳細說明，山形小姐的狀況是，她在成為國際小姐日本代表這個目標之後，還有一個大目標，就是成為主播。

能夠完成此夢想的具體行動目標，已經寫進六十四小格中了。「學習新聞播報技術」、「成為主播」、「利用報紙等媒體來了解世界情勢」等，對她來說，這些要素也是成為國際小姐日本代表的必備要素。

事實上，山形小姐已經獲得內定，二〇一七年春天便已展開主播生涯。國際小姐日本代表及主播這兩項目標，她都透過這張「OW64」達成了。

這件事告訴我們，基礎思考中必須均衡地放入「心、技、體、活」才行。

◆成功者最重視的面向

我們在進行企業研習時，休息時間常有學員來諮詢。

諮詢什麼呢？多半是家庭問題。小孩子沒有夢想、在家不聽爸媽的話、好像遭遇霸凌了、不想上學等等。

私生活過得不好，就不會有精神，也就無法達成目標。家庭問題不解決，便會處在無力選擇正向情緒的狀態，上班的心情自然變得很負面，因此非但無法達成目標，連人生也會諸事不順。

私生活與工作互為表裡。私生活是我們培養療癒能力、健全心理狀態的地方，讓我們能夠快意過活、有能力選擇正向情緒。

私生活充實，工作自然充實。

心是什麼？心就是心智訓練。此外，技是技術訓練或在職訓練，體是體能訓練，私生活就是生活技能訓練。

這四種訓練都是在提高一個人的能力。換句話說，「心、技、體、活」不能均衡地提升，就不可能「真正地」達成目標。

我們做了一項問卷調查，對象是所謂「高效能工作者」的運動選手和企業家，請他們列出「心、技、體、活」這四項的優先順位。結果，位居頂尖百分之五的企業家和領袖，多半都將「心」放在第一順位，日本知名旅美職棒選手鈴木一朗也是將「心」列為第一，其次是「生活」。

此外，年輕的新人通常會將技術擺第一，但隨著年齡漸長，就會改成體力了。這是理所當然的結果，對年輕人而言，技術非提高不可，但年紀大了以後，體力與健康管理就很重要了。

因此，請思考什麼是你此刻最需要的，然後在「心、技、體、活」四方面取得平衡。

不過，已達成最終目標的成功者，他們的優先順位有一半以上是「心」和「生活」。例如，有一位社長的「心」部分占百分之五十，「生活」部分占百分之三十；想必他天生就知道這兩件事非常重要。

我之所以希望各位在八項基礎思考中放入「心、技、體、活」，就是因為許多達成人生目標的成功者已經示範給我們看了。

〔步驟3〕

定期定量，擬出實際作為

在我們寫完八項基礎思考的目標後，接著就要開始進行實踐思考，以便立下合宜的行動目標。

實踐思考也有八個，請更具體地思考應該實踐的事情，然後寫下來。

我們就以第九十一頁基礎思考中的技術部分「促進商品銷售」，以及心理部分「提升團隊成員的關係」，來想想該如何進行實踐思考。

首先是「促進商品銷售」，請立下為達成此目標所該展開的行動目標（請參考第一〇〇頁）。例如：

- **在A地區每天投遞二百張廣告單。**
- **每天在街頭發一百張傳單。**

- **月初寄出五千份DM。**
- **月底前在免費報紙刊登廣告。**
- **在收銀台旁邊發廣告小冊。**
- **每天中午前打二十通推銷電話。**
- **每天下午進行五家企業拜訪。**
- **每天寫感謝函給預約的顧客。**

特別是實踐思考，必須寫下數字、日期等定量目標，這就叫做「期限行動」。另外還有一種「例行行動」，指的是透過每天或定期重複進行而達至成果的行動。這些例行行動要用「○」、「×」來判斷是否每天確實做到。

換言之，書寫順序是：主題「為了讓業績達到六百萬日圓」→基礎思考「促進商品銷售」→實踐思考「在A地區每天投遞二百張廣告單」。

〔例〕「促進商品銷售」的實踐思考

每天寫感謝函給預約的顧客	在 A 地區每天投遞二百張廣告單	每天在街頭發一百張傳單
每天下午進行五家企業拜訪	促進商品銷售	月初寄出五千份 DM
每天中午前打二十通推銷電話	在收銀台旁邊發廣告小冊	月底前在免費報紙刊登廣告

那麼，心理部分「提升團隊成員的關係」又是如何呢？請想一想心理部分的實踐思考（請參考第一〇三頁）。例如：

- 每天早上看著五名部屬的眼睛，活力充沛地打招呼。
- 每天下午第一件事就是瀏覽部屬的日誌。
- 部屬及其家人生日時，送禮表示祝賀。
- 將日誌中寫到的好事情挑出來，於隔天早會上公開表揚。
- 在部屬的日誌中寫三個以上的「謝謝」。
- 有同事缺席或早退的話，以簡訊或電話慰問。
- 每天早上進行十分鐘的自由談話（類似座談，讓全員自由說想說的話）。
- 月底前完成與部屬的聚餐面談。

這些都是為了提升我和他人（即部屬）在職場上的交流所該做的事。

「每天早上活力充沛地和部屬打招呼」、「下午第一件事就是瀏覽日誌」、「挑出好事，於隔天早會上表揚」、「在日誌中寫三個以上的『謝謝』」、「每天早上進行十分鐘的自由談話」，這些都是必須重複進行的「例行行動」，唯有持之以恆，才能徹底發揮該項行動的功效。

至於「部屬及其家人生日時，送禮表示祝賀」，可將他們的生日寫在行事曆上，屆時準備好禮物送出去，因此可當成「期限行動」。

最後像是「月底前完成與部屬的聚餐面談」這件事，也是屬於設定在每月月底的「期限行動」。

此外，在日誌中寫三個以上的「謝謝」，是一種「感恩之心」，大投資家竹田和平等人都說，無論何時皆不可忘記表達感謝。感恩之心肯定是促進他們與同事關係良好所不可或缺的要素。

總的來說，表達「感恩之心」等八個項目，都是從職場必備的實踐思考中所產生出來的行動。

〔例〕「提升團隊成員關係」的實踐思考

月底前完成與部屬的聚餐面談	每天早上看著五名部屬的眼睛，活力充沛地打招呼	每天下午第一件事就是瀏覽部屬的日誌
每天早上進行十分鐘的自由談話	提升團隊成員的關係	部屬及其家人生日時，送禮表示慶祝
同事缺席或早退的話，以簡訊或電話慰問	在部屬的日誌中寫三個以上的「謝謝」	挑出日誌中寫到的好事，於隔天早會上公開表揚

數字敏感度，讓大腦動起來

實踐思考其實就是「期限行動」和「例行行動」。

期限行動就是朝向中心主題的目標，決定何時該做何事的實踐行動，因此**必須寫上明確的完成期限**。

這是為什麼呢？

舉例來說，為了磨練心志和品性，如果只寫「掃廁所」就太弱了。請仿照「我要在十二月三十一日下班後，和同事一起廁所大掃除」這樣，寫出要和誰、何時、做什麼事這類具體的行動。

這類具體的期限行動越明確，就越能看清邁向成功之路的過程，那麼動機會更強烈，也就更能達成目標。

不過，請務必注意，這類期限行動在執行之初需要相當堅強的意志力，若是你設下的目標太難達到，反而會害自己在做之前先退縮，甚至想落跑，結果便會一事無成。這種情形可解釋成大腦的抗拒反應。

因此，在設定實踐思考中的期限行動時，請先從自己辦得到的合理範圍內開始設定。

此外，如果是業績、名次等數字明確的目標，在期限行動中加入預期的數字，對於成果會更有感。

比方說，基礎思考中寫進「增進健康」這個關鍵字後，實踐思考中就要寫進具體的數字，如：「三個月減重五公斤」、「每天六點晨跑，月底前跑三十公里」、「這個週末，七日，要買新的體重計」，這樣就能檢驗成果，也就是說，寫上「三個月」、「三十公里」、「七日那一天」等具體的「5W1H」，效果會更好。

此外，寫下「做人能力」、「感恩」等關鍵字的話，實踐思考就要想到「睡前靜坐五分鐘」、「每天早上以感恩的心情，至少向三位上司或同事打招呼」等，如此具體寫下「5W1H」才能提高實踐力。若能持續進行這種具體行動，就能提高做人能力和運氣。

真要將這類數字放進實踐思考的行動目標之中，一如前文所言，就必須具有堅強的意志力才行。

而能寫進具體的數字，表示**你對於中心主題，亦即最想達成的目標，抱持著強烈的意志**。這點，也可看成你已經做好了心理準備。

大谷選手也好、山形小姐也好，他們絕對是早就認真設定好「獲得八大球團第一指名」、「成為國際小姐日本代表」這樣的目標了，換句話說，最重要的其實是寫在正中央的目標（主題）。因此，以「5W1H」來思考實踐行動時，按理說，中心目標也該設定日期才對。

大谷選手和山形小姐的中心目標雖然沒有日期，但選秀會的日期、國際小姐決賽的日期早就決定了，他們其實是算好日期而設定目標的。

我們在進行企業研習或是對職業選手進行心智訓練時，都會要求他們設定「〇月〇日前做〇〇」這樣的目標，把期限明確地寫進「OW64」中。於是，大家最後在寫實踐思考的目標時，必然都會把數字寫進去。

這麼一想，便知道「OW64」是一種合乎人類自然思考的方法、一種合乎人生原理原則的思考方法。

行動例行化，成長曲線大躍遷

設定好行動目標後，接下來的要務便是將行動予以例行化。

所謂例行化，指的就是行動能夠無意識地進行，也可說成**「習慣化」**。

要能無意識地行動，起初必得是有意識地行動。因此，請每天觀看「原田式例行檢核表」（第五章），再如之前說明的那樣，每天打上「○」或「×」以確認是否做到，一直做到全部打上「○」為止。

在研習活動上，我們會要求學員進行為期十四天的檢查，如果連續十四天都打上「○」，表示該行動已經習慣化了。一個人要養成一種習慣，通常需要三週時間，我們則是以兩週為一個目標。

當下意識進行的例行行動能夠無意識地進行下去時，你之前的持之以恆便會化為你的實力而大大開展出來。這就跟二次方程式的曲線一樣，只要過了一段時期，曲線便會大幅延伸出去。建議你不妨用這種想像來進行。

特別是技術方面的目標，應該更能感受到例行化的效果才對。將許多例行行動予以習慣化後，你的整體表現也會跟著改變。

大谷選手了不起的地方，就在於他能將「為達技術目標所該做的事情」全部例行化，日日實踐不懈。而且，他從年少起便一直持之以恆，因此才能展現出別人完全模仿不來的卓越表現。

據說現在教練們都會跟他說「休息也是必要的」。不過，我想大谷選手即使聽從教練的指示休息，還是會覺得過意不去吧。

話說回來，一定很多人覺得持之以恆不容易。因此，設定行動時，請一併將這些行動寫進可幫助你持之以恆、讓你不會忘記去做的例行檢核表中。

當你習慣例行檢核表的機制後，只要看一眼「OW64」，便能持續展開行動，將行動例行化。這是因為你的大腦中已經建立一張想像出來的例行檢核表，於是只要看一下「OW64」，就能明確看出每天該做哪些例行行動了。

再說，寫在「OW64」中的主題，亦即你的目標，不僅為了你自己，也是為了他人、為了社會，因此，設定目標時你的動機已經提得很高了，自然能夠化為行動。

爭取支持，圓夢速度加倍

實踐思考中的行動設定，第三個重點是「讓幫助你的人開心」。

幫助你的人就是你的支持者。你能否達成目標，有時**跟你的支持者人數有關**。

為此，就從這件事情開始吧——讓支持你的人開心。當看到為社會、為他人無私奉獻的人或活動，人們總是會心生感動。當然，從事服務或打掃活動，本不是為了讓人感動，而是出於自願。但在這麼做以後，你周圍的人自然會逐漸注意你，想要了解你，進而成為你的支持者。

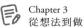

那麼，該怎麼做才能贏得支持呢？又該採取什麼樣的行動呢？

這些行動的結果會提升你的做人能力（知性能力、人際能力、自我掌握力）。磨練做人能力，就是讓自己逐漸贏得別人的信賴。

做人能力非一朝一夕可成，只能是日積月累打造出來的。因此，必須設定針對「社會及他人」的目標，而這也是進行基礎思考時的一大要訣。

要達成你的夢想和目標，需要有多少支持者呢？請找出你希望獲得支持的對象，然後設定出讓這些人有幸福感的行動目標。

理想的目標絕非一人就可獨立完成，唯有幫助旁人並獲得旁人的幫助，才能完成「我・有形」、「社會及他人・無形」這兩種目標。

我曾請傑出的職業運動選手、活躍於世界舞台的藝人寫「ＯＷ64」，然後請他們和他們的支持者一起實踐「ＯＷ64」的使用方法。結果，每一個實踐行動都出現一個支持體制，六十四個實踐行動共出現了六十四個支持體制。

事情是這樣的，當支持者看到該選手或藝人的「OW64」後，紛紛對自己能夠支持的實踐行動舉手表示支持。換句話說，為了讓這位選手或藝人達成目標，支持者全面支持他們個人專精（擅長）的部分，進而形成一個能幫助目標提早達成的體制。

因為這樣，我們看見這些運動選手和藝人迅速發光發熱的風采。這是使用「OW64」一個非常有意思又有效的作法。

例如，以大谷選手的情況來說，大致是這種感覺：指導投出世界最速球的專屬技術教練、鍛鍊心志的心理教練、提升體力的體能教練、照顧飲食及生活的生活技能教練等，全部到齊，合力成為「讓大谷選手晉升為世界第一的職棒選手」這目標的最佳後盾。

當支持者全部理解並同意後，就要決定出六十四個支持體制的負責人，開始擬定實踐計畫。將所有計畫匯整成一張表，然後邊行動邊確認，就有可能完成高難度的目標。

支持者的力量，不可限量。

以上是我為了讓未知的能力開花結果所做的一個提案。

寫得快不如寫清楚

寫「ＯＷ64」到底要花多少時間？

表格上一共有六十四個小格，或許有人會認為得花上好幾個小時。的確，設想基礎思考的八根支柱很花時間，而要寫上行動目標的實踐思考也是，如果又要放進數字，恐怕有人一根支柱就要花上十多分鐘吧。

我們在研習課程上讓學員寫「ＯＷ64」時，通常是給他們六十分鐘。當然，我們會先簡單說明一下寫法（並未像本書這樣詳細解釋概念），然後讓他們自由書寫。

研習課程上，由於時間已安排妥當，因此一開始，我讓學員了解寫法後就開始寫。接著，我會說明本書第二章所述的「社會及他人．無形」、「未來目標四觀點」等想法，然後讓他們再寫一次。

這下，學員們都因為他們寫出了完全不一樣的內容而大感吃驚，而且發現第二次寫的內容，無論基礎思考或實踐思考，都更加清晰鮮明了。

寫「OW64」的時間設定（60 分鐘）

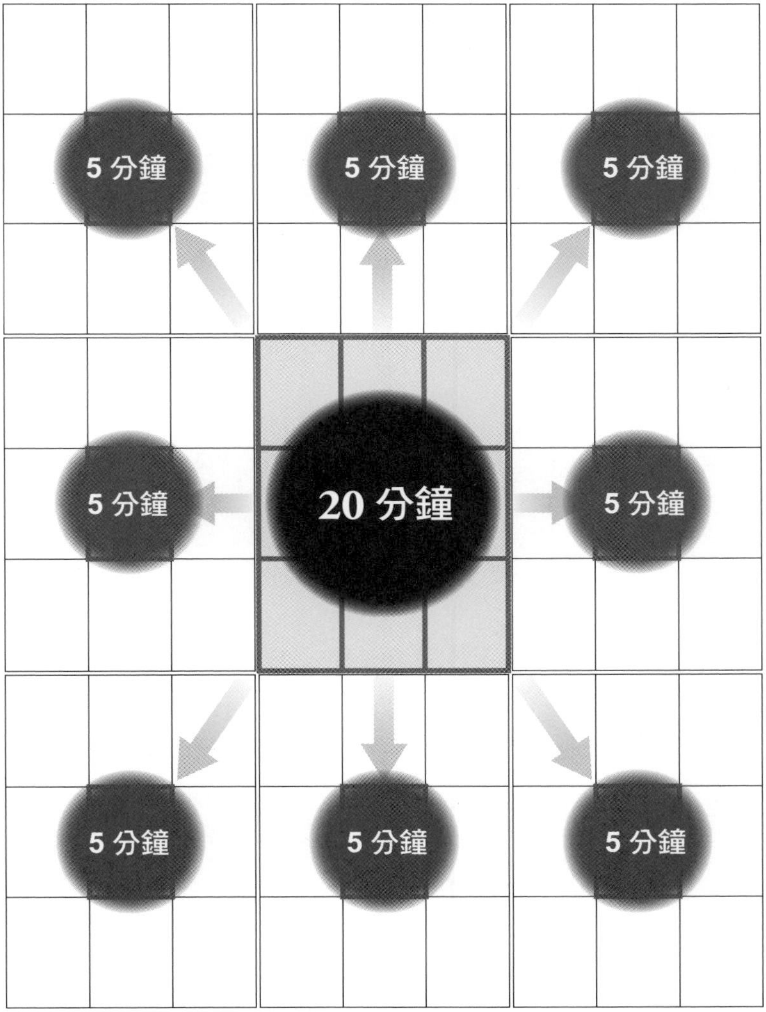

你在寫這張「OW64」時，由於你已經知道該如何思考目標，因此從中心主題到八個基礎思考會花二十分鐘，每一項實踐思考會花五分鐘，八個實踐思考共花四十分鐘，也就是說，從頭到尾只要有六十分鐘，應該就能寫完了（請參考前一頁）。

沒時間的話，實踐思考的五分鐘減半成二分三十秒，那麼花三十到四十分鐘就能全部寫完。

只不過，每一格怎麼寫，將影響到你採取行動的深度。我在說明基礎思考的寫法時，舉了山形純菜小姐的「OW64」為例，請再看一次（請參考左頁），這次希望你能仔細看看實踐思考的部分。

之前提過，山形小姐的基礎思考具備了「心、技、體、活」四方面，而她的實踐思考有一個很棒的優點，就是字數多。尤其關於「夢想」、「自我分析」、「感恩」、「視野」這類心靈目標，都把該做的事情寫得十分具體。

而且，這時候我只告訴她們「OW64」的寫法，尚未說明應列入「心、技、體、活」並分配均衡，也就是說，這是她第一次寫「OW64」。

二〇一六年國際小姐日本代表山形純菜的實踐思考

優雅的走路方式	不僅日語好，英語也要好	保持優雅的姿勢	措辭合宜	正向思考	別輸給自己	改善姿勢	學習新聞播報技術	健身，讓身材更緊實
精進我所擅長的料理和打掃	技術	讓人想聽的說話方式	觀看美的事物以豐富心靈	內心	和很多人接觸，獲得很多知識	做更多料理，精進廚藝	努力	加強英語口說能力
像主播一樣，口條清晰	與很多人互動的溝通能力	學會如何表現日本特色、更有女人味	對人、地點，對於此刻能在這裡心懷感激	即便不甘心也不馬上哭出來（不當愛哭鬼）	擁有一顆溫柔又堅強的心	學校、模特兒、打工、社團，全都要很充實	生活規律	接觸更多事物
為發現日本的好，平時多找出日本的特色	知道日本和世界各地的狀況	利用報紙等媒體來了解世界情勢	技術	內心	努力	讓父母看見我的榮耀	成為主播	取得管理營養師資格
去挑戰不曾感興趣的事	視野	更加了解熱愛的料理及運動界的事情	視野	成為二〇一六年國際小姐日本代表	夢想	參與東京奧運	夢想	成為世界知名人物
研究世界各國美麗女性的生活方式	深度思考該怎麼做、怎麼發揮自己	不被成見所縛，用不同觀點看事物	感恩	外表	自我分析	幫家鄉岩手縣更進步、更有活力	去很多國家，接觸很多文化	成為各領域都很活躍的女性
守護我長大、嚴格又溫柔的家人	為我加油打氣的親友	開朗而讓我忘卻煩惱的好友	注意儀容	保養皮膚	保養頭髮	舉出自己的五十個優點	舉出自己的五十個缺點	思考自己會在什麼時候感動
心地善良並積極追夢的決賽佳麗們	感恩	鼓勵我參加國際小姐選拔的社團夥伴	身材玲瓏有緻	外表	要有剛剛好的肌肉	思考自己對什麼事情有興趣	自我分析	記住自己的強項
建立國際小姐傳統的國際文化協會的大家	指導我成為國際小姐人選的大家	感恩有個讓女性發光的舞台（和平之地）	因個子嬌小，要努力讓自己顯得亮眼	展現手臂修長的特點	展現最吸引人的眼睛和鼻子	思考用一個字來形容自己	重視個性	重視直覺

例如，在自我分析方面，她寫上「舉出自己的五十個優點和缺點」、「思考用一個字來形容自己」，感恩的人方面，寫上「守護我長大、嚴格又溫柔的家人」、「開朗而讓我忘卻煩惱的朋友」、「心地善良並積極追夢的決賽佳麗們」，視野方面則是「利用報紙等媒體來了解世界情勢」、「不被成見所縛，用不同觀點看事物」等，把格子都寫滿了。

當時，我請進入國際小姐日本代表最終決賽的二十名佳麗寫「OW64」，結果山形小姐的內容遠遠比其他人更具體。其他人多半是寫「走路方式」、「化妝方法」等技術面的事情，但山形小姐的內容包含了「心、技、體、活」且分配均衡，還像這樣以具體的文字寫得密密麻麻。

我猜想，山形小姐應該平時就經常思考夢想及目標，才能看出該具體付諸行動的事情。這樣的差別，讓她終於達成最後目標，贏得國際小姐日本代表的后冠。事實上，獲得亞軍和季軍的佳麗，她們的「OW64」都相當出色。

換句話說，**能夠將應該實踐的行動目標清楚寫出來的人，才容易達成目標**，這點，我想各位已經明白了吧。

活用便利貼，書寫過程更彈性

可以利用便利貼來製作「ＯＷ64」。

這是我們在研習課程上常用的一種方法。在進行基礎思考及實踐思考時，先將必要的目標隨機寫在便利貼上，然後全員腦力激盪，一起從八個以上的目標中，選出對於主題最必要的八個基礎思考，接著選出對於每個基礎思考最重要的八個實踐思考。

這種方式雖會花上一些時間，但我會請所有學員事先用便利貼製作自己的「ＯＷ64」後交上來。除了八個基礎思考、實踐思考，我還會請他們分別交出幾張覺得不錯的思考內容，然後請班長排列出來。這樣就能一目瞭然，數量最多的思考即是公司或團隊所該設定的目標。最後將這些目標寫進「ＯＷ64」裡。

這種作法，在企業或團隊合力製作一張「ＯＷ64」時最能發揮效果。為什麼？因為**透過這樣的表格製作方式，全員皆能獲得相同的理解**。換言之，透過這樣的作業，共同目標會更明確，大家的行動方向和力道也會更一致。

這種方式也能應用在個人身上。

首先，請將基礎思考寫在便利貼上，然後從八個以上的便利貼中，選出成為中心主題基礎的重要目標。決定出八個以後，再將針對每個基礎思考的實踐思考寫在便利貼上，同樣地，從八個以上的目標中選出該優先付諸行動的目標，貼進格子中。

接著，請綜觀貼好的「OW64」，思考是否平衡得宜，並和沒被選上的便利貼加以比較，如有必要，都可以重新調整。這麼一來就不必一再重寫，並能完成最適合自己的「OW64」。

下一頁，是一家牙科醫院員工在研習時合力完成的「OW64」。

當時的主題是「二〇一六年十二月三十一日前，成為受到更多患者喜愛的牙科醫院」，全體員工都參與製作。

八個基礎思考已經事先決定好了，我請每一名員工專心負責一個實踐思考，然後寫在便利貼上，寫出越多越好。

接著，每個人將他完成的實踐思考貼進「OW64」中，然後全員傳閱，在同意的目標

「Station 牙科」員工的便利貼「OW64」（實物）

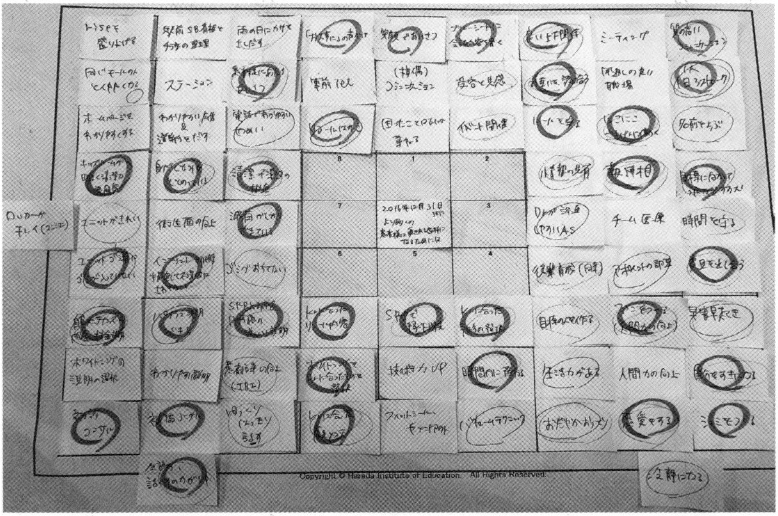

上畫「〇」，如果覺得該目標的成果不好，就撕下來貼在欄外。

畫上最多「〇」的就當成實踐思考的目標，於是當場便能決定出優先順序最高的八個行動目標。

換句話說，透過這項作業，員工彼此之間，已經取得對於目標的共識了。尤其實踐思考，本就是第一線員工要實際採取行動的目標，如果不能讓每一個人都取得共識，便無法一致行動。

總之，想要動員組織全體，一起將目標寫進「ＯＷ64」時，這種利用便利貼的方法，效果相當理想。

個人利用便利貼來寫「ＯＷ64」時也一樣，請先決定出行動目標的優先順序，在便利貼的角落註明「1、2、3……」，接著依序貼進自己的「ＯＷ64」中，最後也別忘了要再綜觀一次。

等到確信都沒問題後，再實際謄寫進去。對很多人來說，這麼做其實更省時、有效率，不妨試試看吧。

留白，是給自己的成長空間

到這裡，已經介紹完「OW64」的寫法了。

最後我想補充一件事，萬一沒辦法填滿八個格子怎麼辦。有人擔心要是不能填滿所有空格，就無法設定完整的行動目標，也就無法實現願望。其實，對某些人來說，規定在一小時內寫完反而會是壓力，以致有些部分寫不出來。

這種時候，我會反過來鼓勵他說：「出現空白不是很好嗎？」為什麼？因為那些空白**正是他要成長的重點**。

換句話說，空白處在告訴他，這部分是他的弱點，他得在這方面加把勁。我在第二章介紹了表達情感的關鍵字。書寫「OW64」時，有時會不知該如何用文字表現才好，有時會因為該目標對自己太重要，以致出現一大堆想法，無法整合進一個格子裡。

碰到這種情況，不妨保留空白，先將表格大致完成，然後讓它沉澱一下。這段時間，可以多閱讀與該主題相關的書籍，或者多向身邊的成功人士請教，獲得一些啟發，等有答案後再補上去即可。

因此，沒辦法寫出完整的「OW64」也無需擔心。唯有自在地寫出你想寫的，你才能更積極正向，才能付諸行動，而這也是這張表格的另一個目標。

此外，一氣呵成寫完的「OW64」也不妨讓它沉澱一個晚上，隔天再重新檢視一次。重新檢視時，如果看到自己大言不慚或是寫得太幼稚而感到可恥也不要緊。

此時，你應該要為自己能在時間內完成而覺得很有成就感，之後再寫過即可；畢竟目標設定的內容，放久了也會不適用，需要及時更新。

我認為「OW64」其實是一種哲學，只要你越來越進步，八項基礎思考也會越來越進步，實踐思考的行動目標也會跟著進步。

你不妨這樣想：目標設定是有生命的、且會持續進步的。

CHAPTER 4

在別人故事中，找到最好的自己

在這一章，我們要介紹幾張實際的「Open Window 64」，看看其中立定了什麼樣的目標、寫進了什麼樣的基礎思考及實踐思考，希望能成為你設定目標時的參考。

知道「ＯＷ64」能夠放進各式各樣的夢想及目標後，你就不必受限於一張，大可設定出各種不同的目標，為你自己量身訂製，符合你的個人需要。而且，這張「ＯＷ64」不只能達成你個人的目標，也能在企業等組織中使用，你要輸入一些學習內容時，它也能派上用場。當你看到這些範例，驚訝「原來也能這麼用」之餘，若能進一步實際應用出來，那就太棒了。

他山之石，藏有成功鑰匙

這次介紹的「ＯＷ64」只是眾多範例中的一小部分而已，大致應用在下列情況中。

- **達成有明確終點的目標。**

- 在運動領域達成團隊或個人的目標。
- 在國際小姐選拔這個特別的世界中達成目標。
- 在公司達成一項目標。
- 重新檢討公司的理念、使命。
- 輸入研習、演講等的內容。
- 在教育領域達成提升學力等的學校改革。
- 為克服教育問題而思考如何行動。
- 成為理想中的自己、實現夢想。
- 用英語書寫的「OW64」。

在你書寫「OW64」時，若能夠參考別人的版本，將值得引用的部分套用在自己的目標上，效果會更好。為什麼？因為這些成功達標者的「OW64」中，其實都藏著達成目標的啟示及訣竅。請仔細看每一張「OW64」，並應用在你的版本上。

目標：八大球團第一指名／大谷翔平

二刀流奇蹟的隱形關鍵

我們再來看一次大谷選手於高中一年級時寫下的「OW64」。這張表格的書寫方式其實並非完美無瑕。為避免各位誤解，我就用「原田目標達成法」的標準來評價這張表格。

首先，這張表格的優異之處在於不偏重技術面，把磨練品性這樣的心理目標也寫進去了。特別是基礎思考中包含了「運氣」，設定出「打招呼」、「撿垃圾」、「打掃房間」等生活習慣，乃至「對裁判的態度」、「讀書」等，這些能夠提高運氣的目標，應該是尋常高中生想不到的，然而大谷選手卻做到了。

不過，由於選秀會的日期已經確定了，因此我想，技術方面的目標若能寫明達成期限會更好。

話雖如此，他之所以能夠如此傑出，必是每日努力不懈、持之以恆的結果。從這點就可看出，他絕對是位非凡的選手。

「八大球團第一指名」為目標，大谷翔平高一時的「OW64」

保養身體	吃保健食品	頸前深蹲90kg	改善內踏步	強化軀幹	穩住身體軸心	投出角度	把球從上往下壓	強化手腕
柔軟性	**鍛鍊體格**	傳統深蹲130kg	穩住放球點	**控球**	消除不安	放鬆	**球質**	下半身主導
體力	關節活動範圍	吃飯 晚七碗 早三碗	加強下盤	身體不要打開	控制自己的心理	放球點往前	提高球的轉數	關節活動範圍
目標、目的要明確	不要忽喜忽憂	頭冷心熱	**鍛鍊體格**	**控球**	**球質**	用身體軸心旋轉	加強下盤	增加體重
加強危機應變能力	**心志**	不隨氣氛起舞	**心志**	八大球團第一指名	**球速** 160 km/h	強化軀幹	**球速** 160 km/h	強化肩膀四周肌肉
不惹事生非	堅持到最後的勝利	關懷朋友	**品性**	**運氣**	**變化球**	關節活動範圍	直球傳接練習	增加用球數
感性	受人喜愛	計畫性	打招呼	撿垃圾	打掃房間	增加拿到好球數的球種	完成指叉球	滑球的球質
為人著想	**品性**	感恩	珍惜球具	**運氣**	對裁判的態度	緩慢且有落差的曲球	**變化球**	解決左打者的致勝球
禮儀	受人信賴	持之以恆	正向思考	成為受大家支持的人	讀書	用投直球的方式去投	讓球從好球區跑到壞球區的控球力	想像球的行進深度

目標：全國國中足球冠軍／池田顧問

有想法也要有做法

池田小姐是北海道一間國中的老師兼足球隊顧問。她自己的社團活動經營，以及要隊員做目標設定時，都是利用「OW64」。

競技運動的指導老師和教練都致力於兩件事：一方面讓選手的心身健全發展，一方面「讓選手贏得勝利」。知道「要拚才會贏」是不夠的，還必須具體思考「要做什麼」、「該怎麼做」、「做到什麼時候」，這種情況就可利用「OW64」來建立訓練計畫。

我們看北海道日本火腿鬥士隊大谷選手的「OW64」就知道，要達成目標必須有具體的實踐思考；而當全員一起製作「OW64」時，就會產生相當多的實踐思考；如果很多選手都寫出同一件事，表示那件事正是團隊的重要課題。

總之，有了這張「OW64」，不但全員能朝同一目標邁進而提高意識，選手本身也能從這張表格中找到自己該進行的具體行動。

「全國國中足球冠軍」為目標，池田顧問的「OW64」

練習時要發聲，在快活氣氛中練習	練習時要互相指導，幫助彼此進步	遵守球隊規矩及學校規矩	每天寫練習日誌來自我反省	徹底做好打招呼的禮儀	整理好自己的物品及運動服	盤球練習（盤球 74 訓練）	踢球練習	傳球 & 控球
要全心全意為對方加油	團隊合作及訓練	不容許團隊有霸凌情況發生	讚美選手以增加對方的自信	鍛鍊心志	在學校和家裡都要主動幫忙	守門員的分腿墊步及擋球	個人技術	一對一攻防
安撫（鼓勵、笑容、擊掌慶賀）	從事打掃等服務活動	全員一同進行練習準備及事後整理	力行說話有禮並能表達關心	決定每天的例行行動並持續下去	多說「謝謝你」、「託你的福」等感謝用語	頂球練習	邊踢邊抬頭觀察場上局面	射門練習
吃三餐	多吃、均衡地吃	請家長協助照顧飲食	團隊合作及訓練	鍛鍊心志	個人技術	跑步、耐力跑	暖身時加入動作準備運動以防止受傷	用爬梯訓練來提高敏捷性
將飲食內容寫進練習日誌裡	營養指導	用開會的方式進行營養指導	營養指導	讓選手獲得成長，贏得全國國中足球冠軍	鍛鍊體格	知道重訓的重要性	鍛鍊體格	強化體幹
吃東西時懷抱感恩心	請外面的營養管理師來指導飲食	不要吃太多點心、不要喝太多果汁	夢想、目標、憧憬等能力	戰術	生活	練習後要做緩和運動，不累積疲勞	培養倒立、橋式等身體感覺	做巴西體操來提高股關節的柔軟性
心智訓練會議，讓大家說出夢想和目標	書寫長期目標設定用紙，訂定達成計畫	看一流選手比賽，加以學習、研究	側面進攻法，及對應的防守方法	加快攻守的轉換	防守位置，搶球&掩護球	早睡早起，睡眠充足	做好時間管理、守時	兼顧足球與學業
支持足球國手	夢想、目標、憧憬等能力	一個月一次成果發表簡報	擬定策略，知道對方特色，發揮自身長處	戰術	角球、任意球的戰術	開朗地打招呼、愉快地談話	生活	重視朋友關係
決定每天主題，並在練習日誌上分析是否達成	每次比賽都訂出成果目標	例行檢核表的達成率要達到90%	攻進防線後方的移動方式及傳球方式	配合（縱深傳球、前插、撞牆式傳球）	了解陣勢及位置的功用	注意服裝儀容，制服、運動服等要穿搭正確	進行自主訓練	制定電視、電玩與手機使用時間並確實遵守

目標：全國頂尖邊後衛／野口航

團隊精神，帶來豐碩戰果

事實上，已經有很多小學生在實踐「ＯＷ64」了，這裡介紹的是一名國中二年級足球隊員的「ＯＷ64」，目標是「成為全國頂尖的邊後衛」。

技術方面，他寫上各個位置所該有的目標。這張「ＯＷ64」雖是他個人的目標，但也寫上了顧及團隊的行動目標。當然，他是了解該怎麼思考目標後才寫的，但一名國中生能寫出這樣的「無形」目標，實在了不起。

此外，這張「ＯＷ64」也寫出了參加比賽的觀點。麻布國中全體足球隊員都利用「ＯＷ64」來設立個人目標，效果也果真發揮出來了。

國中一年級時，他們在地區比賽落敗，但寫了「ＯＷ64」並確實展開行動後，他們在東京都的比賽打敗強敵，進入四強。「ＯＷ64」在運動及比賽方面，的確能發揮相當大的效果。

「全國頂尖邊後衛」為目標，麻布國中野口航的「OW64」

日常踢球練習	增加托球的次數	踢球姿勢	耐力跑	爆發力	肌肉	日常踢球練習	放鬆	肌肉
寬闊的視野	控球	冷靜	狀態管理	跑步速度	跑步方式	看準球	踢球能力	姿勢
小心謹慎	看準球和踢往的地方	想像訓練	保養鞋子	體力	不跑輸人的執念	身體的柔軟度	心志強度	看遠方
想像訓練	對球、對贏球的執念	勿忽喜忽憂	控球	跑步速度	踢球能力	體幹	判斷力	護球前進的踢法
對自己有信心	心志	也要常把隊員看成對手	心志	成為全國頂尖的邊後衛	護球前進的能力	腳下功夫	護球前進的能力	寬闊視野
改正錯誤	檢討自己而非他人	確認目標	守備能力	運氣	獲得隊員的信任	移動重心的方法	不讓人搶走球的意志	肌力訓練
身體強壯	長高	跳躍能力	不說人壞話、閒話	注意遣辭用字	整理好身邊衣物	平時就常關懷隊員	該嚴格時就嚴格	基本功
寬闊視野	守備能力	跑步速度	不抱怨	運氣	幫助別人、親切待人	決斷力	獲得隊員的信任	上場踢球都要發出聲音
不畏懼	不讓對方得分的強烈意志	嚴密又快速的緊逼防守	正向思考	感恩的心	檢討自己而非他人	不要抱怨、碎念	平時就要常溝通	守時、守規矩

目標：二〇一六國際小姐日本代表／山形純菜

看清自身優勢，築夢更踏實

山形純菜小姐還是大學生時，便如前述，達成「成為國際小姐日本代表」的目標，之後並在五十國參賽的世界大賽中，睽違三年進入前十五名。而且，她在「夢想」、「努力」這些基礎思考所衍生的實踐思考目標中，寫進了成為主播這件事，並且已經獲得內定，二〇一七年度起將成為知名民營媒體的主播。

她的優異之處在於能夠明確地想像實踐思考，因而能夠寫得鉅細靡遺。相信所有候選佳麗中，她是最了解自己的人吧。

和大谷選手一樣，山形小姐的中心目標也是有明確終點的目標，而「OW64」對於這種目標設定一向能發揮最大的效果。因為它讓你在八項基礎思考中，針對「心、技、體、活」目標，寫進明確的實踐思考，因而能夠助你化目標為具體行動。

「二〇一六年國際小姐日本代表」為目標，山形純菜的「OW64」

優雅的走路方式	不僅日語好，英語也要好	保持優雅的姿勢	措辭合宜	正向思考	別輸給自己	改善姿勢	學習新聞播報技術	健身，讓身材更緊實
精進我所擅長的料理和打掃	技術	讓人想聽的說話方式	觀看美的事物以豐富心靈	內心	和很多人接觸，獲得很多知識	做更多料理，精進廚藝	努力	加強英語口說能力
像主播一樣，口條清晰	與很多人互動的溝通能力	學會如何表現日本特色、更有女人味	對人、地點，對於此刻能在這裡心懷感激	即便不甘心也不馬上哭出來（不當愛哭鬼）	擁有一顆溫柔又堅強的心	學校、模特兒、打工、社團，全都要很充實	生活規律	接觸更多事物
為發現日本的好，平時多找出日本的特色	知道日本和世界各地的狀況	利用報紙等媒體來了解世界情勢	技術	內心	努力	讓父母看見我的榮耀	成為主播	取得管理營養師資格
去挑戰不曾感興趣的事	視野	更加了解熱愛的料理及運動界的事情	視野	成為二〇一六年國際小姐日本代表	夢想	參與東京奧運	夢想	成為世界知名人物
研究世界各國美麗女性的生活方式	深度思考該怎麼做、怎麼發揮自己	不被成見所縛，用不同觀點看事物	感恩	外表	自我分析	幫家鄉岩手縣更進步、更有活力	去很多國家，接觸很多文化	成為各領域都很活躍的女性
守護我長大、嚴格又溫柔的家人	為我加油打氣的親友	開朗而讓我忘卻煩惱的好友	注意儀容	保養皮膚	保養頭髮	舉出自己的五十個優點	舉出自己的五十個缺點	思考自己會在什麼時候感動
心地善良並積極追夢的決賽佳麗們	感恩	鼓勵我參加國際小姐選拔的社團夥伴	身材玲瓏有緻	外表	要有剛剛好的肌肉	思考自己對什麼事情有興趣	自我分析	記住自己的強項
建立國際小姐傳統的國際文化協會的大家	指導我成為國際小姐人選的大家	感恩有個讓女性發光的舞台（和平之地）	因個子嬌小，要努力讓自己顯得亮眼	展現手臂修長的特點	展現最吸引人的眼睛和鼻子	思考用一個字來形容自己	重視個性	重視直覺

目標：國際小姐世界大賽冠軍／兒玉凜來

星號註記，強化執行力

這是榮獲時尚走秀活動「Campus Colleciton」東京大賽大賞的兒玉凜來小姐的「ＯＷ64」。她在大學就讀外文系，因此將「語言能力」、「溝通能力」、「表現能力」等強項放入基礎思考中。

這張「ＯＷ64」特別值得參考之處，在於其使用方法。為了能清晰地想像行動狀況，她每天都看著這張表格，並在優先順位較高的「技能」、不可忘記的「心理」這類目標上，標註了星號。

這麼一來，標註星號的部分會更容易變成下意識的行動，自然能提高達成力。此外，其實只要看著這張表格就會有效果了，因為這張表格呈現大腦易於想像的放射狀，只要一眼即能看出哪些是此刻不得不做的目標，哪些是還沒展開行動的目標。

只要一天看一次「ＯＷ64」，就能刺激我們展開行動了。

榮獲「Campus Colleciton」東京大賞，兒玉凜來的「OW64」

☆ 反覆練習	發音練習	說服力	朝夢想打造眼前的目標	維持100% 的自信	☆ 向旁人學習	製造說英語的機會	孜孜矻矻地學習	學會用得上的英語能力
☆ 想像訓練	說話能力	將對方帶進來的能力	☆ 不與人比較	自信	☆ 喜歡自己	☆ 看洋片學英語	語言能力	閱讀
講話要瞻前顧後	抑揚頓挫	☆ 傾聽別人的意見	☆ 不要設限	相信可能	☆ 勇敢去做	取得各種證照來提升技能	☆ 聽西洋音樂	聽力
☆ 不妥協	☆ 盡最大努力	表情豐富	說話能力	自信	語言能力	身材玲瓏有致	從內心散發出來的靈氣	☆ 發揮自己的特色
☆ 經常挑戰	技能	不在意別人的眼光	技能	國際小姐世界大賽冠軍	全世界都能接受的外貌	鍛鍊深層肌肉	全世界都能接受的外貌	豐富的表情
擺姿勢的能力	走路的技巧	☆ 吸收別人的長處	表現能力	溝通能力	日本女性特有韻味	☆ 保持笑容	讓自己更亮眼的化妝	舉止優雅
語彙豐富	增加與人互動的地方	誠懇表達情感	共感	☆ 感恩的心	搭配身體語言來表現	☆ 沉穩	☆ 堅毅	了解日本的傳統
永遠拉高天線	表現能力	保持愉快的心情	提問	溝通能力	與對方的思考同步	☆ 使用漂亮的日語	日本女性特有韻味	研究日本文化
☆ 正向思考	☆ 笑容	充實內在	☆ 主動	配合對方的語調	與對方眼神交會	注意人	照顧人	☆ 關心人

目標：提高業績／杵屋集團關東區店長

做好該做的事，業績高成長

外食產業連鎖集團「杵屋」旗下關東東部地區的店長們齊聚一堂，寫下這份以「提高業績」為目標的「OW64」。不愧都是領袖級人物，他們在基礎思考中平均分配出商品、顧客、店鋪、設備、人材培育等必備事項。

商業上的實踐思考目標，我想你看到這張表格便能清楚知道了，其實就是落實平常該做的事情，但是，像這樣匯整成一張表格後，各家店就能輕易看出自己做得好不好，例如「我們這家店這方面是強項」、「我們這家店還沒做到這一點」等，可說效果非常好。

寫這張「OW64」的用意，就是讓店長們帶回去檢討自家店的經營狀況，店長若能與員工一起共享這張表格，就能讓員工自動修正自己的行動。正因為做生意的目標很明確，將落實行動這件事予以機制化，便是一種恆常的戰術了。

「提高業績」為目標，
杵屋美食集團（東部地區）店長的「OW64」

高單價商品的企畫、提案	建議客人再來一份	晚餐時推薦客人加點飲料	具吸引力的樣品	老顧客	活力	不能斷貨	跟廣告上的一樣	確認味道
製作菜色及推薦餐點的廣告	**客單價**	每次都推薦客人再加點一樣	翻桌率	**來客數**	促銷	供應時間	**商品**	季節感
下工夫更換樣品展示	外場人員要定時巡回客席	推薦外帶商品	攬客	推銷術	待客	服務能力	價格	擺盤美觀
展示櫃要表現出季節感	定期保養	定期清毒	**客單價**	**來客數**	**商品**	整理整頓	地上不能有垃圾	不能有害蟲
每天早上確認燈光都正常	**設備**	教會大家機器類的正確使用方法	**設備**	**提升業績**	**整潔的店鋪**	店面明亮	**整潔的店鋪**	外觀
每天確認桌椅是否穩固	定期清潔濾水器	適當地使用空調	**環境**	**人才**	**訂貨**	服裝儀容	餐具乾淨	樣品乾淨
預測天氣	與社區的開發商建立良好關係	與近鄰建立良好關係	領導力	招募、面試	教育（新人）	與上司、近鄰的合作	餐具	預測業績
社會貢獻	**環境**	收集資訊（開店、關店等）	排班管理	**人才**	教育（舊人）	確認品質	**訂貨**	培養事業夥伴
活動	官網	掌握客層	留住人才	支援體制	面談、溝通	二次確認	備品	制服

目標：受喜愛的牙科醫院／Station牙科員工

共同語言，加快職場推廣

在第三章中介紹過使用便利貼來製作「ＯＷ64」，這就是那家「Station牙科」的「ＯＷ64」。與之前「杵屋」是由店長們合力做成的情況不同，這張表格是由現場員工一起做出來的，因此，實踐思考的目標中有很多專業術語，我們看也看不懂，但以能在現場立即行動的目標來說，這種做法反而更能獲得全體員工的理解。

在商業領域，要落實行動目標的話，就要把實際該做什麼事情具體地寫出來，行動方針才會明確。尤其要改善職場上的溝通狀況及職場環境時，不能用概念性語言來設定行動目標，而要像這張「ＯＷ64」一樣，使用員工的共通用語，員工才容易付諸行動。

此外，這張「ＯＷ64」的內容平衡得相當好，連「提升員工的做人能力」都包含進去了，可見他們把個人的改進也當成共同的目標。

「受人喜愛的牙科醫院」為目標，Station 牙科員工的「OW64」

展現活力	站前 SB 看板和傳單的整理	雨天提供雨傘	主動說「請多保重」	面帶笑容打招呼	將對話內容寫進藍紙裡	良好的上下關係	開會	優質溝通
和同商城的人和睦相處	Station	看見患者要打招呼	事前 Tel	溝通（待客）	接納與共感	互相接納	氣氛良好的職場	一人一天做三次鼓勵行動
官網要讓人更容易了解	一目瞭然的廣告及交通指南	電話說明簡單明瞭	回診名片、明信片	詢問有無困擾的事	舉辦活動	遵守規定	笑瞇瞇地工作	省略姓氏，直接叫名字
兒童遊樂區要明亮、整潔	服裝儀容整潔	徹底區分清潔與不清潔	Station	溝通（待客）	氣氛良好的職場	資訊共享	報告、聯絡、討論	一起朝目標前進
設備乾淨	衛生方面的提升	徹底殺菌	衛生方面的提升	2016.12.31 前成為受更多患者喜愛的牙科醫院	團隊醫療	當 Dr. 的好 AS	團隊醫療	守時
設備的垃圾桶內不能有垃圾	植入 OPE 時絕不碰不潔器皿	地上不能有垃圾	容易理解的說明	技術力 UP	提升做人能力	培養後輩（同業）	預約調整	互相提供意見
自費保養的內容與費用說明	用全景圖說明	進入 SRP 前 & P 病態的詳細說明	適合 Kr 的鉗子	SRP 的緣下去除	適合 Kr 的預防選項	設定心目中理想的典範	培養粉絲（提升做人能力）	早睡早起
美白選項的說明	容易理解的說明	提升患者指導（TBI）	選擇適合 Kr 的美白方式	技術力 UP	準時結束	具備生活能力	提升做人能力	喜歡自己
初診諮詢	補牙諮詢	慢慢地、清楚地說明	適合 Kr 的自費保養	去除 FIT SEAL、黏著劑	洗牙技術	穩重大方	談戀愛	培養興趣

目標：成為理想公司／愛全會T．N先生

挑戰既定規則，強化使命感

位於北海道的醫療長照集團「愛全會」，員工人數約兩千人，這是一名中階主管所寫的「OW64」。即便是長照機構，這家法人的經營者仍希望更加發揮「款待」精神，於是舉辦研習活動來重新檢討法人的「黃金標準」，以期「成為更理想的公司」。換句話說，這是一張讓職員說出他們心目中「黃金標準」的「OW64」。

這張「OW64」包含了從經營者的視點、自己（主管）的視點、現場的視點、使用者的視點來思考的內容，而且將法人的宗旨「美」、「愛」列入目標中，並列入舉辦活動這類行動目標，以期更受到當地居民的喜愛。

像這樣，經營者讓員工用自己的話來詮釋法人的理念、使命，就能加深他們的理解，也就是說，在協助員工確認行動準則上，「OW64」是一項非常好用的工具。

「成為理想公司」為目標，愛全會 T · N 先生的「OW64」

感動	快樂	尊敬他人	讓對方感到受重視	積極與入住者的家人交流	讓人備覺溫暖	熱食要夠熱，冷食要夠冷	詢問入住者的意見	顧及入住者的口腔狀況
在可以哭泣的時候哭泣	愛	保持學習心	盡可能滿足對方的期望	讓使用者、入住者滿意	以笑容應對	定期檢討供食型態	美味的飲食	盛裝方式美觀
多吃蔬菜	笑	寬恕	語氣溫柔	服裝儀容整潔	認真傾聽	安排吃手工點心的時間	有時也提供高級的食材	善用當令食材
努力做好傳達工作	帶著一定的情感	製造機會讓負責的人發表意見	愛	讓使用者、入住者滿意	美味的飲食	廁所馬桶座和地面常保清潔	擦拭洗手檯的汙垢及水滴	整理整頓
讓別人看見自己的行動	質	讚美	質	愛全會的黃金標準	整潔的環境	布置出季節感	整潔的環境	餐桌在用餐前後都要擦拭
養成好習慣	適當的休息、放假	打招呼時不稱姓氏，直接叫名字	美	專業照護服務	與地區共生	裝飾花卉	寢具每次都要整理一遍	地上絕不能有垃圾
說話方式	出聲方式	走路方式	檢討照護服務，精益求精	設定目標	研習	邀請當地居民一起參加活動	積極招募義工	向在地發聲
站立方式	美	舉止動作	不要滿足於現狀	專業照護服務	團隊照護	寒暄	與地區共生	舉辦在地人的研習活動
服裝儀容	表情	姿勢	進取心	吸收資訊	在職訓練	笑容	戴上橘色手環	成為居民有困難時的窗口

目標：彙整研習成果／愛全會N．M小姐

釐清思路，統整資訊神速

前面介紹過「愛全會」集團的研習活動，而這是一名職員將研習上進行的內容匯整出來的「OW64」。研習活動總共進行六次，我請他們將學到的事情花三十分鐘寫進表格裡。由於難免忘記，我讓他們先看一下講義，然後將學到的要素一口氣寫出來。

就像這樣，輸入所學內容時，也可善加利用「OW64」。不論是會議、講習、研習，乃至一本書的內容，將學到的知識匯整成一張「OW64」，日後再看，便能立刻喚醒當時的記憶了。

基本上，「OW64」多用於為達成目標而將腦中想法輸出的時候，但也可以用在輸入所學、整理大腦資訊的時候，各位不妨參考一下。

匯整「研習成果」，
愛全會N・M小姐的「OW64」

活得光彩	磨練心志	心、技、體、生活的平衡	主語是我！！	針對社會及他人的有形目標、目的	針對社會及他人的無形目標、目的	就算打上「×」也不要氣餒	每天都做得到	要具體
習慣化	**自立型自我管理**	未來型思考	設定達成期限	**用四觀點來設定目標**	針對我的有形目標、目的	持續三週以上	**正向的習慣**	朝向目標具體行動
目標前方還有目的	要積極	自利即利他	感恩的心	以生活化的文字做積極正向的表現	針對我的無形目標、目的	有意圖地行動	針對我及團隊的行動	淨化心靈的活動（積德）
有意圖地進行	施	受	自立型自我管理	用四觀點來設定目標	正向的習慣	外表是內在的外顯形式	T・P・O+C	理想中的自己
三明治方式	**安撫（心靈的養分）**	定心	安撫（心靈的養分）	**愛全會黃金標準研習**	服裝儀容	髮型	**服裝儀容**	搭配（個性、時尚）
否定只是部分否定	不可人格否定	負面安撫是高明的抗拒	理想的團隊建立	講話	走路	姿勢	具體的形象	化妝
增加滿足群	參與感、存在感的高低	計畫性	結尾好就一切都好	表情	語調強弱	視線	貼牆站立	重心移動
強化與滿足群的關係（使之更加進步）	**理想的團隊建立**	強化與關懷群的關係（使之更理解）	嘴巴、臉部的伸展操	**講話**	視線	挺胸	**走路**	頭頂有一條線往上拉的感覺
推動團隊發展要務	強化與認同群的關係（使之更認同）	強化與成長群的關係（傾聽他們的求助）	想傳達的事情要夠明確	配合呼吸	傾聽	手的擺動方式	站姿	膝蓋伸直

目標：提升學力／小笹大道

自我評價，看見未來方向

小笹老師是立命館國中的老師，應該也是我（原田）心目中全京都最優秀的老師。他以提升全校學生的學力為目的，將各種目標寫進「OW64」中。因此，他的基礎思考全都是根據中心主題而擬定的具體計畫。

這些基礎思考應用在全國任何一所國中，應該都能確實提升學力才對。順帶一提，「評價」中的實踐思考裡面有個「評量指標」，這是讓學生寫下對自己的評量。透過輸出自我評價，能讓學生思考未來生涯，因此這時候就讓學生練習這個過程。

「Q-U滿足群」是學生穩定度調查的一種評量方式（Q-U是Questionnaire-Utilities的縮寫），這套新系統可以呈現出學生在班上的狀態，而老師可以根據評量結果擬定行動計畫。這種評量方式不僅可用於教育界，也可應用於企業。

「提升學力」為目標，
立命館國中老師小笹大道的「OW64」

結交志同道合的朋友	校內研習的充實與積極態度	實施教學研究會，一年三次以上，其中一次對外公開	掌握輸出的內容與時間	教材研究	提案能力	在作業上用紅筆寫下鼓勵字句	能力指標的設定（含具體事例）	評價基準的設定
製作研習學報	**教師研習**	充實校內的公開教學	個別的對應（製作練習講義等）	**教師的教學能力**	發想劇情發展的能力	示範	**評價**	判斷基準的設定
實踐所學（包括ICT、AL型授課等）	積極參加校外研習	自主研習會的設立	單元的指導計畫	年度指導計畫	板書（與PPT）重點化	輸出的判斷基準明確化（評量指標）	作出合乎能力指標的測驗，最好與入學輔導同時完成	學期初能力指標、評價基準、判斷基準的入學指導
周遭大人都在學習	創造自主學習環境	手機的使用狀況	**教師研習**	**教師的教學能力**	**評價**	他人評價、自我評價的做法指導	聽話方式指導	教室整備（黑板、書桌的排列、整理整頓等）
出於個人意願的支持系統（補習班、家教等）	**環境**	朋友關係	**環境**	**提升學力**	**態度教育**	發表時的態度指導	**態度教育**	寒暄指導
講義及筆記的整理整頓	學校、老師的教育能力	家人的穩定及教育能力	**目標設定**	**班級狀態**	**練習**	寫筆記的方法指導	心情轉換	鈴響時的狀態確認（鈴響時是否就座、準備妥當）
用日誌確認決定的事情是否做到	描繪夢想（充實生涯教育）	指導學生思考從事某工作的原因、想過什麼樣的生活	互相學習的強化	Q-U滿足群	讓學生都能聽從指示	互相教導、互相學習的導入	確保上課中的練習時間	確保在家中的練習時間
用例行檢核表確認每天做的事	**目標設定**	針對各學期的成績進行目標設定	教室常保整潔	**班級狀態**	認真融入上課中的氣氛	製作練習講義	**練習**	作業的計畫性（指示明確，要有檢查辦法）
共有成績優秀者的學習方法（示範）	自我分析與解決對策的自行決定	定期考試兩週前的學習計畫	有張有弛	踴躍舉手、發表	互為榜樣、互相學習的氣氛	補習、提問會的實施	自學的獎勵與審查	善加利用複習考試

目標：校園零霸凌／平野達郎

擴大影響力，從改變自己做起

平野先生是一所國中的副校長（日文漢字寫作「教頭」，職責是輔助校長執行校務工作），一直負責該校校園問題處理工作。憑藉豐富的經驗，他將「校園零霸凌」的方法寫進這張「OW64」中。

打造零霸凌的班級、重視他人的心、不讓人心生暴戾的環境、老師及學生的力量、與家長及在地人士的連結等，這些消除霸凌的方法都具體寫進來了。此外，「大人要改變」一項，也融入了「主體改觀」（透過自我改變，進而改變他人）這個教育原則。

我（原田）在當老師的二十年間，也是全力從事學生指導工作，因此很明白這些內容的重要性。正在為霸凌問題而苦惱的老師們，還請務必參考這張「OW64」，學習每一個項目。

「校園零霸凌」為目標，維孝館國中副校長平野達郎的「OW64」

時刻關注每名學生，注意他們的變化	以問卷及「Q-U」等客觀角度評量學生心理狀態	打從心裡愛護、重視每一名學生	讓學生正確學習族群融和、理解身心障礙者等人權課題	安排時間讓學生將道德、班級溝通當成自身課題，好好面對	表態絕不容許觸犯人權的發言或行為	告訴學生打掃的意義，明訂整潔標準	重視「早安」等寒暄，並由老師帶頭做起，形成校園文化	放學時，老師要確實整理負責的教室及場所，翌日迎接學生
多舉辦班級或年級活動，培養領袖	**打造零霸凌的班級群**	年度伊始就規定清楚該做與不該做的事，確實執行	老師要讓學生感覺到隨時被保護著	**培養學生的人權感**	發生人權相關問題時，老師須完全掌握狀況，機會教育	說明準時就座、做好上課準備、準時集合等的意義與價值	**消除學校的混亂**	最髒亂或是看不見的地方，要最下工夫去打掃
透過班級通訊或談話，讓大家知道不易被看見、聽見的行為與聲音	務必給每一個人一項職務以表示認同	匯整學生意見，訂定理想班級模樣及目標，當成班級經營核心	藉育兒體驗、助產士的話、回顧自己的成長過程等，來感受生命的重要性	到養老院、教養院幫忙，體會互相支持的重要性	聽殘障人士身殘心不殘的現身說法，作為榜樣	指導學生絕不放過暴力或輕蔑的言行	注意撿拾眼前垃圾的行為、隨手整理眾人物品的行為，予以公開表揚	置物櫃、書桌裡、教室的設備等，將物品確實以該有的方式各就各位
大人本身要有責任感，不能假裝沒看到或推卸責任，不能敗給自己	大人要以身作則，重視自己並重視他人	建立正確的倫理觀，不依「利害」，依「善惡」判斷而行動	**打造零霸凌的班級群**	**培養學生的人權感**	**消除學校的混亂**	創造共有文化，隨時隨地與其他教職員分享學生的狀況、訊息	創造良好的辦公室文化，主管重視職員，職員能分工合作	發生霸凌或可能發生霸凌時，依SOP立即處理
相信教育，不屈不撓	**大人要改變**	積極吸收霸凌現狀、網路霸凌對策等新資訊及有效解決之道	**大人要改變**	**校園零霸凌**	**打造零霸凌的職員素養及功能**	壞事再小，也要告知負責學生指導者及主管，整個組織動起來	**打造零霸凌的職員素養及功能**	問題太大時，請專家一起來開會討論，研擬對策
不要被小孩測試大人的言行舉止耍了，嚴肅應對	大人要有夢想，要成為受人憧憬的人	為善要人知，積極做給學生看，成為他們的榜樣	**與地區、相關單位合作**	**與家長合作**	**打造零霸凌的學生素養及功能**	一週最少開一次年級會議，交流學生訊息及應對方式	積極參加學生指導、教育諮商、人權等研習活動，提升見識	學生指導上的課題、霸凌及「Q-U」問卷結果等學生資訊，全體職員共享
參加地方上的活動、擔任義工，平時就要努力贏得別人的信賴與協助	與民政兒童委員、保護司、地區相關人士建立關係，取得相關資訊及協助	與兒童諮商中心、警察、教育委員等建立日常合作關係，以備不時之需	學年初以書面資料告知家長學校對霸凌及人權問題的態度及處理方式	進行日常性的家庭訪問及家庭聯絡，與家長建立信賴關係	不論事情好壞，都與家長共有，一起面對，一起成長	為學生創造在班上、組內互相學習的文化，若有問題立即協助解決	推動學生會、班級代表會等由學生組成的消除霸凌組織	透過同儕互助模式，或讓學生擔任小老師、指導員等，建立相互支持的關係
積極流通正面訊息，取得對方的信任及期待	**與地區、相關單位合作**	對於負面訊息，統一對外窗口與訊息內容，做好危機管理，不要將事態搞亂	掌握每位家長的個性、態度，有時必須硬起來採取有效對策	**與家長合作**	基本上要相信家長，抱持與家長一起教育小孩的心態	落實職務分配、打掃等日常活動，不要產生任何差別待遇	**打造零霸凌的學生素養及功能**	讓學生寫日誌或班級筆記，幫助他們整理自己的內心、互相了解
面對受到媒體影響而產生的誤解或不合理要求，不隨之起舞	平時即多接收資訊，收集各種社會上的議題，做好事前準備	發生問題時，掌握事情始末，與地區及相關單位合作，展開有效解決對策	同理家長的立場，同理人之常情	將學校該做及能做的事正確地告知家長，贏得理解與協助	家長是加害者還反過來責難校方時，一定要確實保護好孩子	舉辦大型活動，幫助學生自己克服困難，奠定自信	培養領袖，讓他們發揮所長，讓校園充滿良善文化	休息時間或放學後，讓老師可以和學生在教室或走廊放心談話

目標：描繪夢想／吉田浩子

面面俱到，夢想更清晰

我（原田）有一個「教師補習班」，專門在指導老師，吉田小姐是補習班的學員，目前在大阪府擔任英語老師。這張「OW64」的中心主題是「夢想」，可以提供你參考，幫助你具體地想像你想度過的人生。

這張「OW64」的優異之處，是基礎思考中很均衡地放進了「有形、無形」、「我、他人」四觀點的想法。有形的目標有「內心的安寧（我）」、「經濟上的自由（我）」、「旅行（我）」、「全馬（包含很多他人的要素）」，無形的目標有「整體教育的提升（他人）」、「世界和平（他人）」、「地球上的孩子們（他人）」、「報恩（他人）」，依照「心、技、體、活」的架構合宜地彩繪人生。

雖然沒寫到要如何展開行動，但這是一張讓人易於想像「夢想」的藍圖。

「夢想」為目標，城西中學高中部老師吉田浩子的「OW64」

社會上的幸福	跑步	訓練	雪山	家人幸福	與摯友共處的時光	守時	在學校的實踐	介紹「原田目標達成法」
信賴	**全馬**	飲食控制	大自然	**內心安寧**	放鬆時刻	美化環境	**整體教育的提升**	介紹《與成功有約》
朋友	慈善	檀香山（夏威夷）	眺望美景	與重要朋友共處的時光	學習	有禮貌	引進更好的東西	提升軟實力
父親的朋友	原田隆史老師	父母	**全馬**	**內心安寧**	**整體教育的提升**	參拜寺廟、神社	閱讀	收集資訊
小池仁先生	**報恩**	碰到的學生們	**報恩**	**夢想**	**世界和平**	震災的復興支援	**世界和平**	緒方貞子女士
傳授所學	學校的老師們	在紐約幫助我的根岸先生	**旅行**	**經濟自由**	**地球上的孩子們**	SMAP	聖雄甘地	馬丁·路德·金恩牧師
宇宙	夏威夷	紐西蘭	絕妙時機點的投資	參加研習	理想組織	職涯支援	提供美妙的相遇	學習支援
義大利	**旅行**	美國（紐約）	持續實現目標	**經濟自由**	創業	連結	**地球上的孩子們**	飲食支援
澳洲（伯斯）	模里西斯	加拿大（布蘭特福德）	實現目標	持續改善	經營	募款	留學支援	環境支援

目標：最棒原田方法講師／諾曼・博戴克

設下期限，締造最大成果

諾曼・博戴克先生是將豐田汽車的「持續改善法」視為一種「精實生產模式」而推廣到全美國的人。他在研究「栽培人才的最佳方法」時，得知了「原田目標達成法」，認為「我探索四十年的東西就是這個」，便到日本來訪問我（原田）。之後八年，他不但成為「原田目標達成法」的認證講師，並且極力將這套方法推廣到美國、法國、西班牙、德國、荷蘭等國家去。

這張「OW64」是博戴克先生以「成為世界最棒的原田目標達成法的講師」為目標所寫下來的，其中基礎思考包含「心、技、體、活」四方面，這點自不在話下。他的過人之處，是將六十四個實踐思考全部加上期限，分成「期限行動」（做到某天為止）及「例行行動」（每天實踐）。你可以看到表格裡有好幾個日期。從這點就可知道，能締造高度成果的人，關鍵不在擬定計畫，而是著重在之後的行動力。

「歐美最棒原田目標達成法講師」為目標，諾曼．博戴克的「OW64」

Improve PowerPoint slides by 9/21	Deliver keynotes	Practice Q&E with local companies	Emails to past attendees lists	Develop website	Promote Harada Workshop Aug.12-31	Perfect the keynote address	The Harada 5-day certification course Oct.1	The 3-day course
Do videos Jan.15	**Build Skills**	Work on website	Create an email promotional piece for workshops	**Marketing**	Promote books Sept.10	Produce webinar	**Develop Courses**	The two-day course
Improve presentation skills	Learn to use pages 8-15	Learn Japanese Jan.1	Articles newsletters once 1 week	Collect email addresses	Get keynotes	Respect for people	Senior management presentation 9-27	Q&E certification
Study all of Harada' s material daily	Read Covey and other success writers	Prepare for daily diary publication Aug.15	**Build Skills**	**Marketing**	**Develop Courses**	Exercise twice a day	Meditate twice a day	Improve my posture
Study innovation	**Study and Research**	Master System Oct.15	**Study and Research**	**To be the Best Harada Method teacher in the West**	**Health and Mind**	Set up a precise diet	**Health and Mind**	Shizeng twice a month (1st and 15th)
Study MAP	Integrate Q&E kaizen to Harada Sept.15	Learn Adobe software	**Community and Family**	**Spirit**	**Write**	Carefully monitor my blood pressure	Drink 6 glasses of water a day	Sake off tension
Teach at PSU Sept.27	Teach Harada to other teachers Jan.1	Work at a local charity Dec.15	Meditate twice a day	Friday with Alfred	Imagine what is possible	Story book - Start Jan.1	Write the Harada book - everyday complete by 12/31	The training manual – complete by Oct.1
Do the dishes and keep house clean daily	**Community and Family**	Do 5s – remove books Sept.1	Stop wandering thoughts	**Spirit**	Summarize Ponlon, Kukai and Inamori	To major management media-every other week	**Write**	Write monthly newsletter 1st of month
Help students with their resumes and interviews at class	Speak to local groups	Noriko accounting 8-14	Observe - listen - Stop daily for a few minutes	Read Spiritual works - daily	Inside when Speaking - work on this	To senior leaders two per week	Daily diary every day	CEO newsletter Nov.1

CHAPTER 5

聚沙成塔，化不可能為可能

關於「Open Window 64」的目標思考方法及書寫方法等，前文已經透過各種範例詳加說明，各位應當相當了解才對。

第五章，將接著說明利用「ＯＷ64」設定目標後，進而將之付諸行動的各種習慣。如果設定目標只是像在畫大餅，那就沒意義了。

因此，我們將介紹一種能引導你達成目標的方程式，希望能幫助你將這些行動予以習慣化。

正向思考，好運絕非偶然

達成目標必須具備各種不同的要因，其中包含許多眼睛看不見的因素。

例如，「**運氣**」。大谷翔平的「ＯＷ64」的基礎思考中，就有這一項眼睛看不見的成功要因。

有些人能交好運，有些人不能。

那麼，到底什麼是運氣？

運動員上場表現時，很多人會說「希望走好運」、「運氣很重要」；成功的經營者也常說「我只是運氣好而已」、「剛好走運罷了」。其實並不是「剛好」，你也可以自己把好運招過來。

為了提升表現，每個人都有他的一套計畫、做法、準則。然而，即便甲、乙、丙三人都用同樣的方法投入工作，結果還是會有差異；即便上司公平地將同一套做法告訴部屬，有人就是會做出成果，有人不然，這樣的差異可能造成他們的收入差上好幾倍。

為什麼會這樣？因為即便大家都按表操課，**每個人的心思依然有所不同**。你用什麼樣的心情面對，用什麼樣的情感展開行動，將造成結果大不同。

情感可分為兩大類，感覺幸福，或者，感覺不幸福。

選擇感覺幸福的情感而將結果導向正面，這種思考叫做「正面思考」；選擇感覺不幸福的情感而讓結果變成負面，這種思考叫做「負面思考」。

因此，能做出好成果的人，一定是心這個杯子的杯口向上，是個積極進取、認真踏實、心情愉快的人。反之，拿不出好成果的人，一定是心這個杯子的杯口向下，老是心浮氣躁，拋不開過去的負面情感，終日鬱鬱寡歡的人。

決定表現好壞的因素很多，除了做事的方法、方法論之外，也會受到選擇何種心情去做的影響。簡單說，運氣好的人，就是選擇正向情感而展開行動的人。

只要明白這個原理，不可思議地，目標達成力就會提高。

綜觀目標達成這件事時，不懂所謂正確的「表現方程式」的人，看見人家締造好成果，也不知為什麼，總會認為是那個人運氣好。

例如，我們看大谷選手，當輪到對方的強棒上陣，只要一擊就可能逆轉勝的時候，在這種輸不得的緊要關頭，大谷選手投出最精彩的一球！這種情況乍見似乎是運氣好，但從他寫的「ＯＷ64」我們便知道，他一直在做正面思考的訓練，因此能夠選擇積極的正向情感，自然就能產生最精彩的表現。

也就是說，他是**有意圖地招好運**。

不過，還是有很多人誤解正面思考的意思，以為再怎麼痛苦都要說「謝謝」，都要表現得很開朗才是正面思考。正面思考的意思是說，如果拖著當時那種黑暗的、可憐的、消極的情緒，亦即選擇了負面情緒，那麼即便展開接下來的行動也不會有好結果。

比賽輸了，誰都會不甘心，都會生氣，甚至會想翻桌子，這就是人的情緒。但是，能不拖著這樣的情緒而展開行動，亦即能夠有意圖地選擇正面情緒的人，他所創造的成果便會截然不同。

換句話說，**運氣絕非偶然**。

選擇正面情緒的訓練，就是正向思考的訓練。我要大家在「OW64」或「原田目標達成法」中列入可以提升做人能力、提升運氣的目標，就是要大家練習選擇正面情緒，透過之後的實踐思考，將正向思考的訓練落實到例行活動中。只要不斷練習到成為一種習慣，自然會滲入潛意識，結果就是運氣越來越好了。帶著這樣的意圖去設定目標，就會養成正向思考的好習慣。

三個方法，行動目標習慣化

要將例行行動予以習慣化，以「原田目標達成法」來說，必須用到其他表格，即**「原田式長期目標設定用紙（自我管理用紙）」、「例行檢核表」、「日誌」**。

本書是以介紹「OW64」為主，因此不會詳加解釋，簡單說，「原田式長期目標設定用紙」是用來寫出「未來目標四觀點」，並將寫在「OW64」中的實踐思考目標進一步寫成更具體的行動的一種表格。

而實際書寫「OW64」就會知道，要在格子裡面寫進日期、寫進具體又詳細的行動，往往寫不下，此時，可將這類實踐思考的例行行動寫在另一張紙上，這張紙就叫做「例行檢核表」。在例行行動還沒成為習慣之前，就用這張表來確認是否每天都做到。

此外，顧名思義，寫「日誌」的目的就是回顧今天做到的事及未做到的事、針對目標進行自我分析、想像明天的行動、培養自信等。

「原田目標達成法」就是「OW64」、「原田式長期目標設定用紙」、「例行檢核表」、

「日誌」這四項的組合。執行這四件事，就能提高自我管理能力，讓目標所產生的實踐行動能夠習慣化，造就出可以締造良好成果的自己。

接下來，將簡單扼要地說明「原田式長期目標設定用紙」、「例行檢核表」（請參考一六六頁）、「日誌」（請參考一六九頁）。

◆原田式長期目標設定用紙（長型）

請先寫出從「未來目標四觀點」思考而來的目標。可以依照第二章介紹的方法，從「我．有形」、「我．無形」、「社會及他人．有形」、「社會及他人．無形」這四項觀點來設定你的目標。這就是我們一般說的描繪夢想與目標。接著，就要進一步將你所描繪的夢想與目標化為具體的行動。

當你要**將自己如何努力達到終點目標的各種想像及計畫匯整出來**，就會利用到這張「長期目標設定用紙」，而「ＯＷ64」則是幫助你思考更具體的行動的一種工具。我想這樣區別會比較容易了解些（請參考下頁範例）。

【例行行動】※ 依重要程度排列	【期限行動】※ 依發生日期排列	
我要：寫日誌來改善行動。	11 月 4 日前	擬好 12 月的促銷計畫案
我要：在打烊時聽加納小姐進行一天的報告，思考當天的改善點，讓隔天的營業更順利。	11 月 5 日前	確認去年的業績動向
我要：檢查成本管控狀況，提升收益。	11 月 7 日前	發送 3000 封 DM
我要：給每一名員工加油打氣五十次。	11 月 10 日前	進行 100 家企業訪問
我要：在松下路的十字路口發一百張傳單。	11 月 13 日前	向丸山店長請求週末的人力支援
我要：進行單日業績達標的模擬作業。	11 月 14 日前	請田中經理幫忙確認營業狀況，給予建議
我要：在洗澡後做半小時的伸展操，調整身體狀態。	11 月 15 日前	月中盤點
我要：在上班前朗讀工作信條，做好心理熱身運動。	12 月 1 日前	估算預期業績
我要：和小孩寫交換日記，增加與家人之間的連繫互動。	12 月 3 日前	估算預期營收
我要：檢查業績，修正這張表格上的期限行動。	12 月 5 日前	估算預期成本，並請森山區經理給予建議

協助達成目標的支持者	①田中經理 ②森山區經理 ③丸山店長 ④打工員工組長加納小姐
協助達成目標的支持內容	①幫忙確認每天的營業狀況 ②每週六給予成本管控上的建議 ③每週六給予 2 名人力的支援 ④每週五進行正確的資訊報告

	成功、強項的分析	失敗、弱項的分析
心・心理	①工作上能夠輕鬆以對。 ②穩健，不會感到不安。 ③打心底樂在工作中。	①碰到事就心浮氣躁。 ②對工作感到不安。 ③用討厭的心情去做累積下來沒做完的工作。
技・技能	①完成 ToDo 表。②徹底做到「報告、聯繫、討論」。 ③擬定好工作的短期及長期計畫。	①總想到了那天再做。 ②總是淪為事後報告。 ③沒能有遠見，只會應付當下而已。
體・健康	①三餐營養均衡。 ②維持十二點就寢、五點起床的節奏。 ③每週三次 3km 的慢跑。	①多外食，太油膩。 ②懶懶散散，睡眠不足。 ③身體不動，一直看電視。
生活	①整理自己的房間。 ②重視與家人的談話。 ③自己洗便當盒。	①不自己整理房間。 ②不重視與家人相處的時間。 ③凡事都依賴老婆。

	預測到的問題	解決對策
心・心理	①出現負面思考、負面發言。 ②不能整理好工作，充滿不安。 ③壓力、心浮氣躁。	①將工作信條貼在筆記本上，每天閱讀。②把事情寫下來經常看，該整理、該做的事情想清楚。 ③善用呼吸法（放鬆）。
技・技能	①不斷出現不小心的失誤。 ②忙於應付各種簡訊、電子郵件。 ③未思考 ToDo 計畫，變成當場的臨時反應及作為。	①徹底做到二次確認。 ②回覆訊息的時間定在早上十點及下午三點各一小時。 ③用檢核表來管理 ToDo 計畫。
體・健康	①連續外食，體重增加。 ②回家後作息不規律，生活脫序。 ③缺乏運動而腰痛、肩膀痠痛惡化。	①少吃油膩、少碰酒精，記錄熱量。 ②用日誌做回家後的行為管理。③洗澡後做伸展操。
生活	①不整理房間。 ②老是與家人擦身而過。 ③考證照的事三拖四拖遲未進行	①每週必定自己整理一次。 ②和小孩寫交換日記。③有效運用通勤電車內的時間（往返一小時）

原田式長期目標設定用紙

填寫日期（決定展開行動的日期）	2016 年 10 月 1 日	目標達成日	2016 年 12 月 31 日

服務活動

（家庭）
我要：每天上班前打掃廁所。

（職場）
我要：每天上班前打掃玄關。

目標四觀點

有形

21. 公司業績提升。
22. 公司收益增加。
23. 公司的市占率擴大。
24. 公司的顧客滿意度增加。
25. 提供顧客更優質的服務。
26. 從業人員的技能提升。
27. 從業人員的薪水增加。
28. 西日本事業部的評價提升。
29. 能夠帶家人去旅行。
30. 小孩教育資金的存款增加。

1. 12 月的營收達到 2500 萬日圓。
2. 店的營收超越去年。
3. 薪水增加。
4. 冬季獎金增加，升格成地區經理。
5. 管理技能提升。
6. 指導部屬的技能提升。
7. 在公司內部的評價提升。
8. 購買西裝。
9. 參加外面的研習活動。
10. 獲得在海外工作的機會。

社會、他人　　　　我

31. 家人健康有活力。
32. 父母安心。
33. 從業人員幹勁十足。
34. 店內氣氛活潑。
35. 榮通商店街越來越有活力。
36. 顧客都健康。
37. 西日本事業部活力十足。
38. 西日本事業部成員都有自信。
39. 上司安心。
40. 山田經理很開心。

11. 提高自信。
12. 感到成就感。
13. 對自己的工作感到驕傲。
14. 可以用積極正向的心情投入工作。
15. 自我肯定感提高。
16. 獲得充實感。
17. 獲得迎接下一階段挑戰的勇氣。
18. 對支持自己的人更懷抱感恩心。
19. 能夠相信自己辦得到。
20. 能夠樂在工作中。

無形

達成目標

1. 我要在 2016 年 12 月 31 日，讓 12 月的營收達到 2500 萬日圓，獲得加薪，家人都健康有活力。1、3、31
2. 我要在 2016 年 12 月 31 日，讓 12 月的營收達到 2500 萬日圓，提升顧客滿意度，提高公司業績。1、24、21
3. 我要在 2016 年 12 月 31 日，讓 12 月的營收達到 2500 萬日圓，擴大公司的市占率，對自己的工作感到驕傲。1、23、13

另外，用「未來目標四觀點」描繪的目標上方有一項「服務活動」，這是因為每天持續進行清掃活動及服務活動的話，能夠培養出對社會及他人的感恩心，能讓心這個杯子保持杯口向上，用正向思考來有意圖地提升運氣。

由於用「四觀點」來思考時，已經意識到「社會及他人」目標的重要性了，這部分應能順利設定完成才對。接著，將「四觀點」目標進一步設計成可讓自己產生期待及幹勁的「達成目標」，必須放入具體的日期及數字。

再接著，針對「達成目標」設定出優先順序較高的行動，分為「例行行動」及「期限行動」兩部分，並在下方回顧過去，進行①成功、強項的分析，以及②失敗、弱項的分析。然後預測未來，思考③獲得成功之前所預測到的問題，以及④解決對策。

這四大項目全都要從「心理面、技術面、體力及健康面、生活面」來反省，寫出你的具體發現。再下來，就是從這些當中再定出新的「例行行動」及「期限行動」，持續提高自己的行動計畫。

例行行動下方有兩個項目：**「協助達成目標的支持者」**、**「協助達成目標的支持內**

容」。一如前面提過的，要達成目標一定要有支持者。因此，請事先將你希望獲得支持的對象及獲得支持的內容寫進去。這樣一來，你會對你所寫下來的支持者常懷感恩心，也能因為想獲得對方的支持而用心展開具體的行動。

這裡介紹我的一名小學生學員所寫的「協助達成目標的支持者」、「協助達成目標的支持內容」（請參考一六四頁、一六五頁），非常有趣。

當時就讀小學二年級的這名小女生很愛游泳，目標是希望游泳能夠晉級，支持者欄位上寫的是父母和爺爺。對父親，她寫道：「希望能來看我參加晉級檢定考試。」對母親是：「幫我做好吃的飯。」對於爺爺則是：「買可愛的蛙鏡給我。」

結果，被指定為支持者的父母及爺爺全都做到她的期待，而且，他們還因為被指名而感到開心，於是交流增加了，小朋友的動力也就更強了。

舉凡企業、學校、運動選手的教育及研習上，我們都會請他們寫這張表格。企業研習的話，上司會看這張表格；當看到自己的名字就在上面，當然會開心而想助對方一臂之力，這是人之常情。人與人之間的關係提升了，職場、學校、家庭的關係品質自會提升。

請寫下你為實現夢想而要每天進行的行動（養成好習慣）	在你實現夢想前的這段期間，請訂下密集的日期，擬定行動計畫。	日期
①我每天都要： 六點起床。	1 問教練檢定的內容。	3月12日
②我每天都要： 好好吃飯。	2 請教練幫我看打水的動作。	3月16日
③我每天都要： 回家後先洗手、漱口。	3 學會在水中用鼻子吐氣。	3月17日
④我每天都要： 回家後馬上寫功課。	4 學會在水中張開眼睛。	3月18日
⑤我每天都要： 在浴室練習用鼻子吐氣和張開眼睛。	5 問教練可以做的事和不可以做的事。	3月19日
⑥我每天都要： 洗完澡做伸展操。	6 請教練再幫我看一次我練習過後的成果。	3月23日
⑦我每天都要： 和媽媽一起寫日誌。	7 提早三十分鐘到游泳學校。	3月26日

為了實現夢想，你想獲得誰的加油打氣，請寫出他們的名字。	第一位： 爸爸	第二位： 媽媽	第三位： 爺爺
請寫出你希望獲得的加油打氣內容。	希望： 來看我參加檢定	希望： 做好吃的飯給我吃	希望： 買可愛的蛙鏡給我

原田式長期目標設定用紙

姓名	一柳友結	今日日期	3 月 12 日	完成夢想日期	3 月 26 日

你的夢想是什麼？寫得越詳細越好，越能清晰地想像出來越好。

游泳檢定能通過二十級。→ 3 月 26 日的游泳檢定要是能通過二十級，爸爸、媽媽會很開心，弟弟也會更努力學游泳，教練也會獲選為「優良教練」，所以，下次的游泳檢定，我一定要通過二十級。

以「四觀點」來展開夢想。

有形

社會及他人的有形夢想是什麼？

- 朋友也加入游泳隊。
- 游泳教練獲選為「優良教練」。

你的有形夢想是什麼？

- 游泳檢定過關。
- 買蛙鏡給我。
- 到更高一級的地方去。
- 可以在游泳學校吃冰淇淋。

社會、他人　　　　我

- 爸爸和媽媽都很開心。
- 弟弟也會努力學游泳。
- 級數比我高的朋友會為我高興。

社會及他人的無形夢想是什麼？

- 通過的話大開心。
- 得到爸爸、媽媽的讚美。
- 更喜歡游泳。

你的無形夢想是什麼？

無形

在家每日的服務活動	在校（或職場）每日的服務計畫
回家後把鞋子排好。	撿五個走廊的垃圾。

◆例行檢核表

例行化這件事之所以重要，是因為它能讓行動習慣化，並落實進潛意識中。也就是說，將行動習慣化後，你就能無意識地行動而自然產生成果。

潛意識的研究近年在大腦科學界方興未艾，據說，意識部分僅占大腦的百分之三，其餘百分之九十七都屬於潛意識範疇。

過去，科學家一直在研究人類如何使用這個潛意識，解答之一便是「習慣的養成」。以心理學來說，就是所謂的「自動化」。如今大家都已經知道，高效能工作者都擁有正向的好習慣。

那麼，要怎麼養成習慣呢？一般來說，只要將某種行為用心地持續進行二十一天，就能使之習慣化。但在我們的研習課程中，我們要求學員將行動寫進例行檢核表中，這樣做，只要**用心持續進行十四天即可**。一如無特別意識下，每天早上依然能夠自動刷牙般，做到能無意識地自然行動即可。

未習慣化之前，屬於顯意識階段；這時候就利用例行檢核表，連續十四天，以打上

「○」或「×」的方式，確認每天該做的事情是否確實做到。

表格上方的家庭、職場欄中，請寫上「原田式長期目標設定用紙」上要實踐服務活動的具體時間與地點。下方的一到二十，請依優先順序寫下例行行動。

十四天後，請自行評估執行狀況，一方面將「已經能夠自動化的例行行動」移到表格最下方的欄位，持續提醒自己；另一方面，可以著手展開新的例行行動，或是全力進行尚未例行化的行動，將之一一自動化。

當所有行動皆能自動化後，例行檢核表的功能就結束了。請重新設定新的目標，以同樣程序進行下去。

準備展開例行行動時，正所謂萬事起頭難，起初自己務必要提起高度的自覺意識才行；不過，若能爭取到朋友及家人的支持，獲得他們的關照、鼓勵及幫忙確認，行動就比較容易持續下去。

除了工作表現，學業表現、運動表現也一樣，能夠連結到好成果的良好習慣，能幫助你站上更高的舞台，幫你一路開運下去。

例行檢核表

例行行動完成度	目標	90%	結果	%

		分類 NOW:N FUTURE:F		行動	想要達到的成果	日期	9/1	2	3	4	5	6	7	8	9	10	11	12	13	14	目標（個）	小計（個）
						星期	一	二	三	四	五	六	日	一	二	三	四	五	六	日		
回家後隨時	服務活動	家庭	F	每天回家後將玄關的鞋子排好。	希望其他家人也能排好鞋子，讓玄關保持整潔、消除大家的疲勞感。		○	○	○												10	9
7:30	服務活動	職場	F	每天7點30分到公司後，擦辦公室的窗戶10分鐘。	毫無例外地持之以恆，藉此提升自信。讓三名部屬也展開服務活動。		×	○	○		╲	╲							╲	╲	14	10
8:30	例行行動（依發生時間順序排列）	①	F	通勤電車上不碰手機，讀《日經新聞》報。	藉由「數位排毒」，奠定從印刷文本中解讀資訊的能力。		○	×	○		╲	╲							╲	╲	10	8
		②																				
9:30		③	F	每天早上9點到10點間，打20通電話給客戶。	9月30日前，客戶寄存的資產提升10%。		○	○	○		╲	╲							╲	╲	10	20
		④																				
		⑤																				
		⑥																				
		⑦																				
		⑧																				
		⑨																				
		⑩																				
		⑪																				
		⑫																				
		⑬																				
		⑭																				
		⑮																				
		⑯																				
		⑰																				
		⑱																				
24:15		⑲	N	在睡前寫日誌。	每週找出一個問題，當成下週的重要課題，一個月最多克服四個課題。		○	○	○													
		⑳																				
	每日合計						20	19	22													

已經能夠自動化的例行活動

（1）比別人早一步打招呼，活力充沛。
（2）洗完澡後，花20分鐘準備證照考試。
（3）自己洗好便當盒，然後交給老婆並道謝。

◆日誌（期限行動）

「原田目標達成法」的日誌，要先想像翌日的理想狀況，預測一日行程後寫進去，還要從翌日的活動中選出五個最重要、最該優先進行的事情，當成**「今日必做要事」**特別寫出來。

結束工作或活動後，就對照日誌進行一天的回顧。原田式日誌對於提高自信特別有效。在「今日發生的好事、覺察到的事」欄中，寫進工作及活動中發生的好事情，就能提高「自我效能感」，將一天活動中獲得別人道謝的事情寫進去，就能提高「自我肯定感」。換句話說，寫原田式日誌是一種認識自我的方式。

此外，寫日誌能夠反省當日發生的事情，因此有時這麼做會陷入負向思考，但請放心，原田式日誌已經考量到這點而做了特殊設計，能幫助你進行正向思考。

這個特殊設計就是**「如果能重來的話（不設限的情況）」**項目。

這樣就不會停在因做〇〇失敗、被罵的懊惱或懺悔中，一旦問自己：「如果能重來的話，會怎麼做？」結果可能就會是：「對喔，以後碰到提案的日子，我要提早一小時到公司，讓自己更能專心。」

這就是你針對這次失敗所思考出來的改善行動。千萬不能讓失敗、懊悔的情緒不斷在腦中發酵而大幅增加負面情緒。

接著，在「邁向目標達成的路上，對你有所啟發的話語、事件、成長紀錄」欄裡，寫上可幫助你獲得成功的正向行動、事件、啟發等，這也是一種正向思考的訓練。

先前提過，要提升運氣，就要進行一種訓練，就是當失敗或失意時，不要擺臭臉，要能有意圖地選擇正向情緒，讓心這個杯子保持杯口向上。

而這項訓練，其實透過這張日誌就做得到了。

我經常在研習課程上對學員說：「最好別將討厭的事、負面的事帶回家裡。透過在公司寫日誌，能夠用文字反省一天↓自動產生改善行動↓發現不錯的自己而提升自信↓選擇正向情緒來結束一天的工作。」

於是，學員們不管碰到什麼事，都能夠安撫自己的心，並且跟自己打氣：「明天再繼續加油吧！」

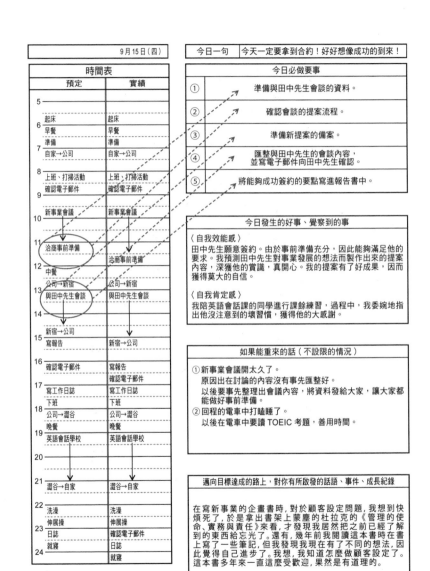

9月15日（四）

今日一句	今天一定要拿到合約！好好想像成功的到來！

時間表

時	預定	實績
5		
	起床	起床
6	早餐	早餐
	準備	準備
7	自家→公司	自家→公司
8	上班、打掃活動	上班、打掃活動
	確認電子郵件	確認電子郵件
9		
	新事業會議	新事業會議
10		
11	洽商事前準備	
		洽商事前準備
12	中餐	
	公司→新宿	公司→新宿
13	與田中先生會談	與田中先生會談
14		
	新宿→公司	
15	寫報告	新宿→公司
16	確認電子郵件	寫報告
		確認電子郵件
17	寫工作日誌	寫工作日誌
	下班	下班
18	公司→澀谷	公司→澀谷
	晚餐	晚餐
19	英語會話學校	英語會話學校
20		
21	澀谷→自家	澀谷→自家
22	洗澡	洗澡
	伸展操	伸展操
23	日誌	確認電子郵件
	就寢	日誌
24		就寢

今日必做要事

①	準備與田中先生會談的資料。
②	確認會談的提案流程。
③	準備新提案的備案。
④	匯整與田中先生的會談內容，並寫電子郵件向田中先生確認。
⑤	將能夠成功簽約的要點寫進報告書中。

今日發生的好事、覺察到的事

〈自我效能感〉

田中先生願意簽約。由於事前準備充分，因此能夠滿足他的要求。我預測田中先生對事業發展的想法而製作出來的提案內容，深獲他的賞識，真開心。我的提案有了好成果，因而獲得莫大的自信。

〈自我肯定感〉

我陪英語會話課的同學進行課餘練習，過程中，我委婉地指出他沒注意到的壞習慣，獲得他的大感謝。

如果能重來的話（不設限的情況）

①新事業會議開太久了。
原因出在討論的內容沒有事先匯整好。
以後要事先整理出會議內容，將資料發給大家，讓大家都能做好事前準備。

②回程的電車中打瞌睡了。
以後在電車中要讀 TOEIC 考題，善用時間。

邁向目標達成的路上，對你有所啟發的話語、事件、成長紀錄

在寫新事業的企畫書時，對於顧客設定問題，我想到快煩死了，於是拿出書架上蒙塵的杜拉克的《管理的使命、實務與責任》來看，才發現我居然把之前已經了解到的東西給忘光了。還有，幾年前我閱讀這本書時在書上寫了一些筆記，但我發現我現在有了不同的想法，因此覺得自己進步了。我想，我知道怎麼做顧客設定了。這本書多年來一直這麼受歡迎，果然是有道理的。

寫日誌有八大好處──

1. 提升時間管理能力（前一天就決定好接下來的預定事項及結束時間）。
2. 訓練想像力（預測明天的情況，為成功做好準備）。
3. 選擇工作並投入其中（事先選擇重要的工作，集中精力去做）。
4. 自我分析（回顧一天的活動，分析後打上「○」或「×」，藉此獲得「覺察」）。
5. 提高自信（透過書寫提高「自我效能感」與「自我肯定感」）。
6. 養成正向思考的習慣（失敗後，用「如果能重來的話，我會……」來思考）。
7. 養成獲得成功的習慣（將獲得好成果的行為模式或例行行動持續進行下去）。
8. 獲得有助於達成目標的「覺察」（確實建立起達成目標的意識，並專注其中，便能覺察到一些新的啟發）。

我（原田）從長年的指導經驗中發現，要獲得這類能夠幫助你成功的想法，或是培養這樣的想像力，寫日誌是最簡單且最有效的方法了。

不過，不能光是腦袋知道而已，你必須寫下來，你寫下來的文字就是你的思考，請將思考從腦中拿出來，化為文字，時時閱讀，你的成功之道才會清晰可見。

請透過書寫日誌這項行動及習慣，來為你招好運吧。

會做事，更要會做人

「ＯＷ64」是一種可以幫助你將目標化為行動的有效方法。

然後，行動會變成習慣，習慣能提升運氣及做人能力。也就是說，「ＯＷ64」可以幫你建構起人生的主軸。

「ＯＷ64」可以一寫再寫，寫出好幾張。你想達成的目標會不斷產生，而你每次朝中心主題邁進時，你的人生舞台也會逐次上升才對。因此，希望你能不斷回顧你所寫下的每一張「ＯＷ64」，這樣你就會明白自己的成長過程，因為這些表格幫你留下文字紀錄了。

此外，「原田目標達成法」與其他目標達成法的不同之處在於，它是經過特別設計，能幫助你在追求成功的過程中也**一併獲得「做人能力」及「人格」的成長**。這套特別設計的程序及方法，我稱之為「心志鍛鍊」。

過去我所指導的田徑隊小朋友，他們不只將所學放進學校生活而已，也都帶進家庭生活，乃至畢業後的生活，一路成長過來。如今，他們進入社會了，分別擔任老師、醫療相關人員、警察、消防員、社福人員、經營者等，對社會做出貢獻，成為社會所需的人才。

他們個個都是獨立自主的人才，以「人格」為基石，發揮所長，開拓光明的未來。他們兼具能展現成果的工作能力，以及能提高人格的做人能力，而且平衡得宜，讓自己及他人均獲得幸福。

說穿了，達成力就是一個人的做事能力與做人能力。

做人能力不成熟，即便成功也不會獲得真正的幸福。因為會工作、會讀書、會運動這些能力，是建立在「人格」這項基礎上而與之同步成長的。

要打造人格基礎，就要進行「心志鍛鍊」。請在日常生活及工作中培養心志。「心志鍛鍊」有下列五個方法，全都能在日常中進行。

1. **善用心靈：利用目標設定用紙、「OW64」來鮮明地描繪未來願景。**
2. **美化心靈：從事打掃活動、服務活動、環保活動、公益活動。**
3. **強化心靈：毫無例外且老老實實地持續從事例行行動。**
4. **整理心靈：每日反省，為未來的成功做準備。**
5. **擴展心靈：常懷「謝謝」、「託你的福」這類感恩心。**

「心志鍛鍊」就是透過工作、讀書、運動、藝術等一切活動，「讓心靈、人格這個做人基礎能夠隨之進步，亦即透過自己的力量一點一點形塑出來」。

因此，接下來請你做最後一件事。

你認為一個能夠獨立自主的人，該是什麼樣子？請思考一下這種人的特色，並寫進下一頁的空欄裡。

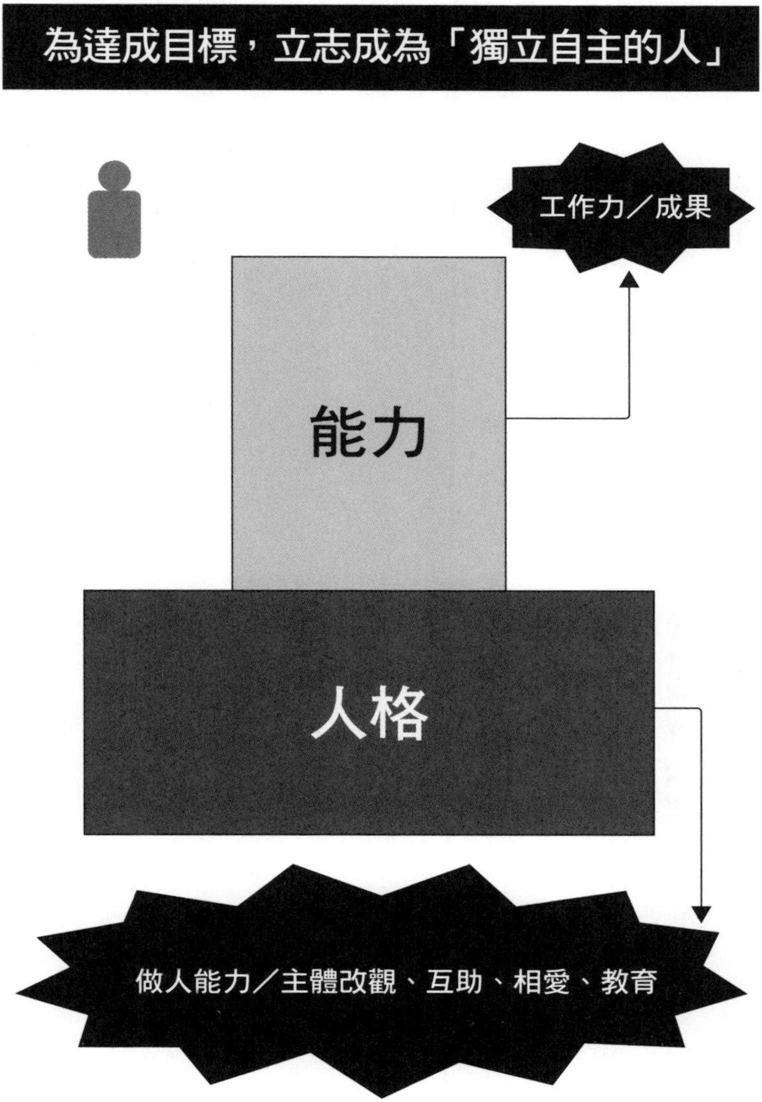
為達成目標，立志成為「獨立自主的人」
工作力／成果
能力
人格
做人能力／主體改觀、互助、相愛、教育

擁有達成力的五個條件

最後，我想匯整一下能夠達成目標的人所具備的達成力。

我們已經看了很多透過「原田目標達成法」達成目標的人。一直以來，我不斷在思考達成目標的人，亦即所謂的成功人士，他們究竟有何過人之處；而這些過人之處，都已納入我正在推廣的「原田目標達成法」中了。

我們所認為的成功定義、我們所追求的成功，指的是「將心目中有價值的事情設為未來目標，並在決定的期限內達成，且對他人及社會有所貢獻」。

不是將工作看成數字而每天追著數字跑，也不是用負面眼光看待人生；而是從目標中看見價值，積極主動地迎向未來，一邊貢獻社會一邊朝目標邁進。

這就是我們描繪的理想狀態。我們相信一定有如此卓越的成功才對。

而且，人人都可以透過「原田目標達成法」獲得成功，因此我們認為**成功是一種技術**。技術學會後就變成技能，變成技能後，就是你一生的財富。

將成功的技術變為一生的習慣、技能，這樣的成功者，亦即有達成力的人，都具備下列五項要件。

1. 一開始就明確目標

能幹的上班族、傑出的運動選手、優秀的教育工作者等，他們都是一開始就決定好要創造出什麼樣的成果，也就是決定目標，然後一路照著成功的劇本走下去。

而且，「為了什麼目的而追求成果」這個強烈的目的意識，會一路與動機的維持、對結果的主體者意識（一切都是自己的責任）、對周遭人的感恩心等保持連結。

2. 抱持對勝利的渴望

能達成目標的人都有一顆堅定的心，並兼具克服困難、超越逆境的忍耐力與意志力。而且對於目的及目標抱持著「無論如何都要做出來給大家看」的想望。這種對於成功及達成目標的強烈想望就叫做「勝利意識」。你可以問問成功者：「你的敵人是誰？」我想他們都會回答：「我自己。」

3. 訂定期限，養成正向習慣

具備達成力的人會自己決定「做什麼、怎麼做、何時完成」這類已定出期限的行動，以及有助於做出成果的「例行行動」，並努力實踐到底。過程中，他們會將行動予以習慣化，培養成自己的強項。

例如，持續進行「為有效利用早晨時間，每天早上四點起床」這項行動的人，除了能夠為達成目標而有效利用早晨時間之外，也會同時培養出「能夠早起」的強項。

4. 反思檢核，開拓無窮可能

有達成力的人都習慣「每天思考自己的目標」。此時會用到日誌或隨身筆記本。他們將自己的願望、思考、一天的反省內容寫在日誌或筆記本上，透過這個行為而開拓出無窮的可能性。

5. 生活與工作，合二為一

直接連結到一切成果的「心、技、體、活」四要素，全都分配得宜，而且不斷提升。此外，雖然重視工作與生活的平衡，但具備達成力的人不是採取「工作與生活取得平衡」的方式，而是「工作與生活互相諧調」的方式，將「心、技、體、活」四要素均勻和諧地融入生活中。換句話說，他們不是將生活與工作分開，而是將生活與工作協調並連，讓兩方面都能發展得越來越豐富。

若能做到以上五項要件，你就具備一流的達成力了。達成力的養成，無法一蹴而就。但是，要視這條路艱險難行而放棄，或是讓它帶你越走越精彩，就端看你自己的選擇了。

衷心祝福你能達成目標，更上層樓。

〔後記〕

成功，是生活的持續累積

最近，許多大阪少棒球團的總教練們跟我說，他們覺得大谷選手的「OW64」非常有意思。

「多虧那張表，小朋友好教多了。不必說什麼，他們就會主動打招呼，主動打掃，也會確實穿釘鞋過來。已經沒人再特地跑來說他們揮棒一千次或是做過重訓了，全都默默地打掃、練習，主動問好，越來越有活力了，真是謝謝啊！」

研習活動上也一樣，我會讓學員們一起看大家的「OW64」，從中獲得啟發。尤其是不知道該怎麼寫的人，看到優秀同事的寫法，就會加以參考而寫進自己的「OW64」中。這麼一來，不僅他個人的能力得以提升，團體的整體實力也會更升一級。

結果就是，看見心目中的典範依據實踐思考而導出的具體行動後，將之變成自己的行動，納入自己的「OW64」中。當這個過程自然地擴散開來而例行化，滲入許多人的潛意識後，世界就會產生莫大的改變。事實上，這樣的事情已經在發生了。良好的行動和習慣正在傳染開來。而傳染的工具，就是「ＯＷ64」這一張表格。

這正是「知識的移植」。

或許，所謂的人生「目的」，就是人們於日常生活中進行的、極其普通的活動的持續累積。只不過，這些活動不知何時人們不去做了，而造成人們不做的原因，可能是這個艱難世道所產生的一些負面產物，負面到讓人迷失自己。

我們長年關心教育，探索著如何能讓世界更美好，以留給子孫一個精彩的世界；然後，在不斷的研究及實驗中，終於開發出這張「Open Window 64」。或許，這張表格能發揮一點力量……

最近，我們有了這樣的想法。而我們的美夢，也的的確確放進這一張表格中了。透過這張表格，你能夠達成目標，而且已經培養出達成力的你，能夠從此擁有精彩的人生。

一如大人不必開口，小朋友就會主動打招呼和打掃般，這張「ＯＷ64」確實具有改變行動的能力。為了培養一流的達成力，不，為了成為人生的勝利者，且讓我們一起改變世界吧。

即便領域不同，依然期待能誕生更多像大谷選手這樣的超級英雄。

當你達成目標後，請別忘了通知一聲，我們將備感榮幸。

後會有期。

二〇一七年三月

原田教育研究所　原田隆史

JAPAN 自我管理協會　柴山健太郎

MEMO

書中表格免費下載，列印即可使用

「OPEN WINDOW 64」與「未來目標四觀點」
下載連結：https://bit.ly/2RkKflT
（版權頁後亦有相同表格，可供剪下使用）

國家圖書館出版品預行編目（CIP）資料

學會「曼陀羅計畫表」，絕對實現，你想要的都得到：把白日夢變成真！「原田目標達成法」讓你滿足人生的渴望／原田隆史、柴山健太郎著；林美琪譯. -- 初版. -- 臺北市：方言文化，2019.02
面；公分
譯自：一流の達成力
ISBN 978-986-97164-7-5（平裝）

1. 職場成功法

494.35 108000743

學會「曼陀羅計畫表」，絕對實現，你想要的都得到

把白日夢變成真！「原田目標達成法」讓你滿足人生的渴望

一流の達成力

作　　者　原田隆史、柴山健太郎
譯　　者　林美琪

副總編輯　黃馨慧
責任編輯　邱昌昊
版 權 部　莊惠淳
業 務 部　古振興、劉嘉怡、葉兆軒
企 劃 部　林秀卿、朱妍靜
管 理 部　蘇心怡、林子文

封面設計　吳郁婷
內文排版　黃雅芬

出版發行　方言文化出版事業有限公司
劃撥帳號　50041064
電　　話　(02) 2370-2798　傳真：(02) 2370-2766

定　　價　新台幣 290 元，港幣定價 96 元
初版一刷　2019 年 2 月 27 日
I S B N　978-986-97164-7-5

方言文化

「未來目標四觀點」四象限計畫表

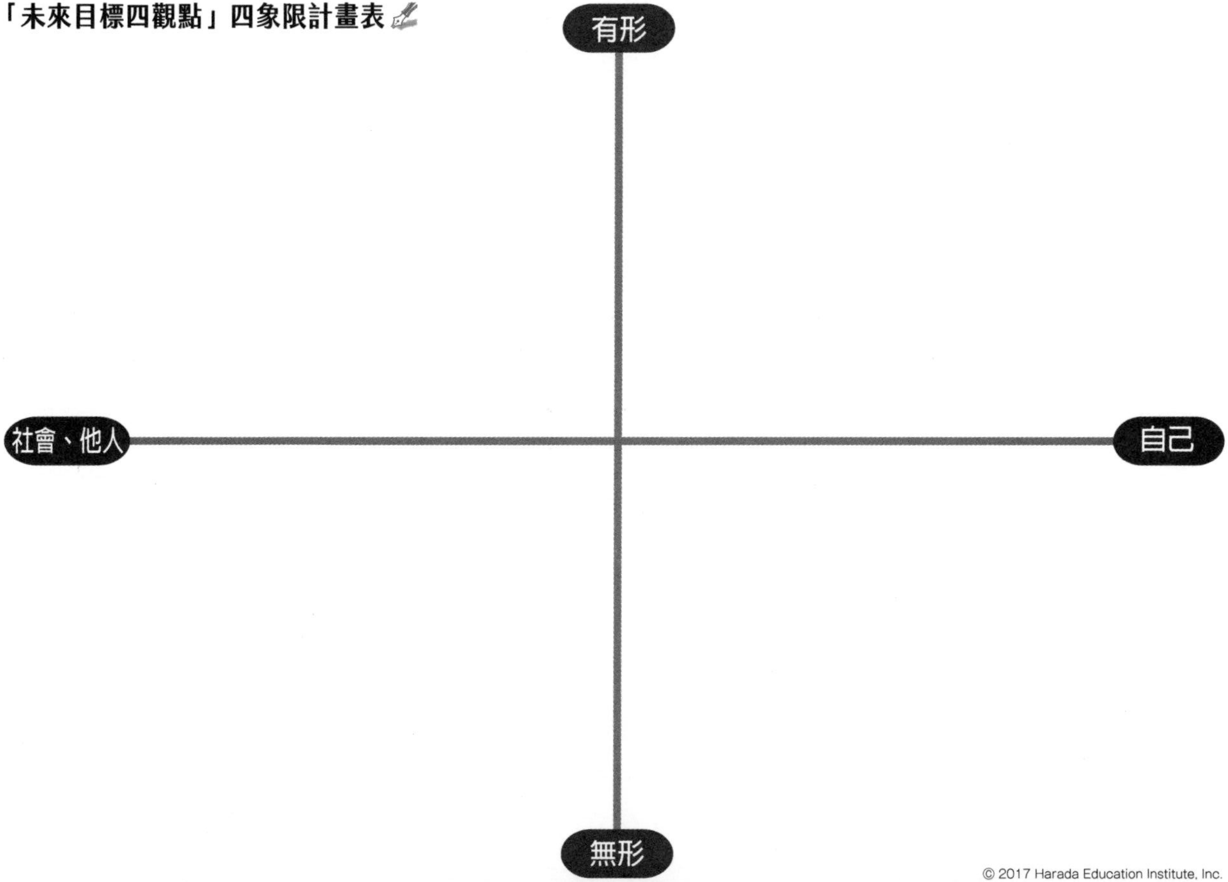

OPEN WINDOW 64

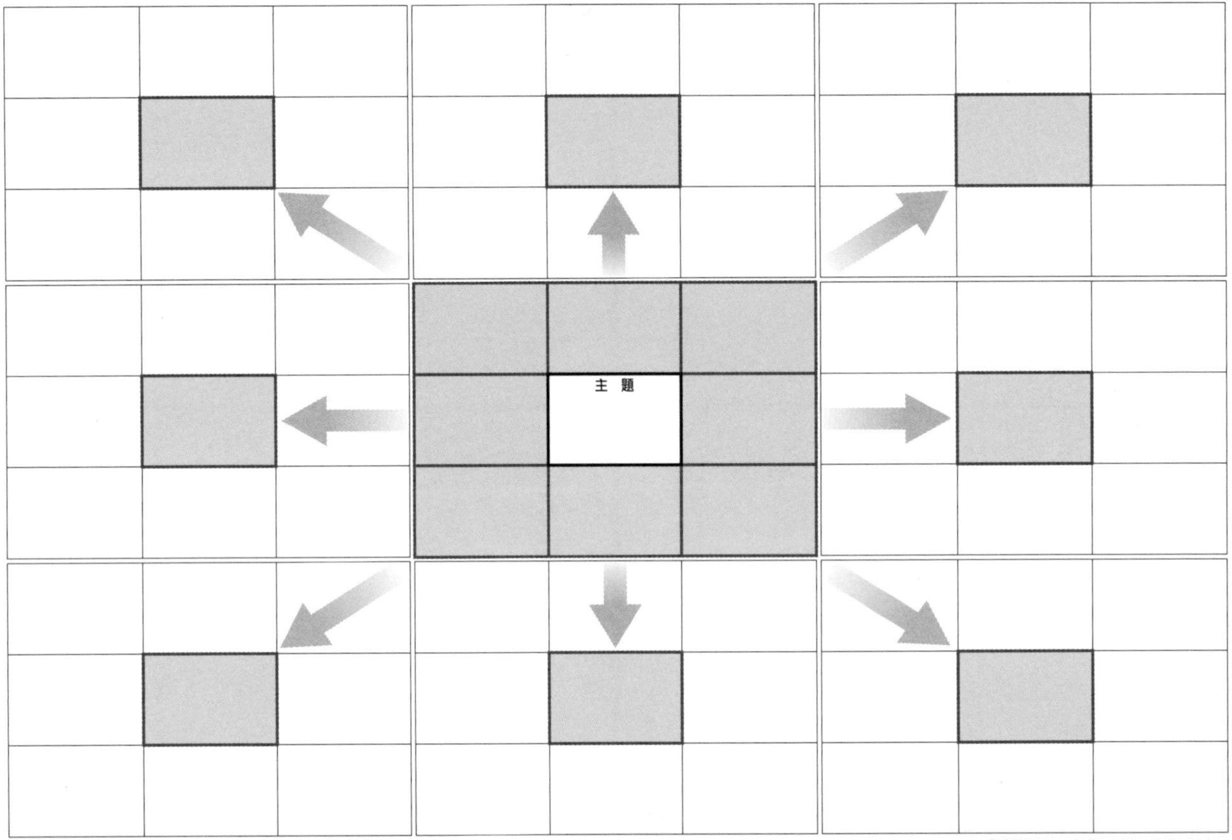